ヤマケイ文庫

朝日連峰の狩人

“朝日の番人”が語る山と動物たち

Shida Tadanori
志田忠儀・話

Nishizawa Nobuo
西澤信雄・構成

Y. L.
Yamakei Library

山に生きた名狩人・志田忠儀の動物観察眼の妙

田口洋美

「山で生きてきたということを思えばね、人のことより動物に詳しいっていうが、ハーそれが本当だものな。私らの青春は半分戦争で、食べていくのが容易ではねぇ時代であったから。山は生きるため、生活のための場所だったし、獲らねぇば暮らしてはいかんねぇ時代でした。田口さんが三面《みおもて》の衆に教えてもらったっていう〝ケモノのことはケモノに習え！　魚のことは魚に習え！〟これは本当！　良いこと教えてもらったな、それが一番！

今になって思えば、動物の仲間になってやっと分かる世界があるんだわ。それは山に教わってきた私らの魂っていうか、私らだから見ることが許された世界かもしれないんだわ」

志田忠儀さんは、生前そう語っていた。

そしてまた「私らのような者は、一般の人たちにはあまりなじまないというか、自然のことは分かるけど世の中のことや派手なことには疎いんだね。ただ私らのことを分かる人はすぐに見抜けるんだ。同じ匂いするっていうか、感じるんだ。同じ種類の人間って言うかな、それは分かるな」と。

山の民、狩人、杣夫といった山住みの人々には独特の感性、雰囲気がある。それは一目見たときに分かるものだと彼は言っていた。そしてそういう人たちに会うとホッとする、と。

現在、多くの人々は自然の世界、森や山の世界からは距離を置いた日常を生きている。人々の多くは自らの手で自然から直接資源を手に入れる経験を積まなくとも生きていける。自然は当たり前にある「環境」としての自然であり、生《なま》ものとしては感じられなくなっている。要は自然のこと、野生のことに疎くても生きていける。雨が降ろうと降るまいと同じ靴を履き、傘を差さなくとも会社に通える。それが現代を生きる人間の現実である。人々の日常の意識には木々や草々、動物たちの情報などは全く必要とされていない。在るのは気象情報や道路情報、あるいは株式市場の相場動向ぐらいのものだ。それが現代人にとって最も必要とされている情報なのだろう。

山で生きてきた人々、あるいは今も山で生きようとしている人々はそこが違っている。

人間のことよりも自然のことに明るい人々。森と山の世界に日々暮らす者たちの思考は、絶えずそこに生きる命たちの姿を思いやっている。その日常の繰り返しが思考の深度を決めてゆく。志田忠儀さんの語りは山と森の思考の塊であった。彼の頭の中には山の命たちが息づいていた。どこにいても森の中が見えていた。

ヤーコプ・フォン・ユクスキュルというドイツの生物学者がいた。彼はゲオルグ・クリサートとの共著『動物と人間の環世界への散歩』(『生物から見た世界』岩波文庫：2005)や『生命の劇場』講談社学術文庫：2012)で知られている。環世界(ウンヴェルト)とは、生物の行動は外部刺激に対する反応ではなくて生物たち独自の感覚と行動様式で創り出されているという見方。機械論的生物論ではなく、その生物が必要とする情報を収集し生物主体に行動が選択されている、という考え方である。

実は、志田さんが語る自然や動物に関する語りには、このユクスキュルにも通ずる「動物目線」「植物目線」がある。志田さんだけではなく、山と森の世界を歩きつづけてきた人々には我々には見えていない世界が見えている、と言わざるをえない感覚の世界がある。冒頭に記した何気ない志田さんの言葉「動物の仲間になってやっと分かる世界があるんだわ」には、動物を上から目線では見ない、同じ目高で見ることから広がる世界、自然知の世界がある。

「あー分かった、オレ知っている!」といった知識ではなく、そこに生き合う生体としての存在への了解、互いがそこに「在る」ことの喜びでもある。それは通常の知識人(合理主義)であれば「それは君、ただの思い込みの世界でしょう」と一笑に付してしまうことかもしれない。しかし、そうではない。マタギではなく山人《やまうど》、狩人を自称する志田さんの言葉は、何度も納得がゆくまで山や森へ通い、観察しつづけた末の言葉なのである。

では、彼はどのように観察するのか。それは自分がその動物であったり木であったらどのように感じているのか、同視する努力を怠らないということだろう。動物たちが生きている世界の中の同居人としての目線で、彼らの世界を受け止め理解する。そこに狩人の目がある。

「クマが木さ登ってる。登る理由が彼らにあるから登ってる。それを私も考える。登って何をしているのか、ずーっと眺めでるんだ。木に登れば一時間二時間の間上にいるもんだ。それ見てれば分かってくる。クマから習う。教わるんだ。分からねば翌年も、その明くる年も、眺める。これが楽しいんだ」

十五歳で狩人としてデビューし、初猟となった寒中のウサギ狩りでいきなり獲物を捕らえ、さらに春山での初めてのクマ狩りに参加し、先輩狩人を横目に一発でクマを仕留めてしまう。ビギナーズ・ラック！　他者は、そう軽く言ってしまうのかもしれないが、実はそれが才能の萌芽の瞬間であったようだ。志田さんが指示した狩猟組の親方もまた、この才能の萌芽を見逃さなかった。こいつはいける！　そう感じたに違いない。その親方や先輩たちの厳しくも優しさに満ちあふれた眼差しに見守られながら志田忠儀という一人の狩人は、地域の核になってゆく人材として成長していった。

狩人はなりたくてなれるものではない。狩人の素養を周りの人々が発見する事からはじまる。能力の高い狩人は皆、周囲の先輩や肉親がその類い希な能力を発見されて成長している。ただ組織化された狩人の世界はそのような稀人《まれびと》だけでできているわけでもない。多種多様な人材がいることでより高い能力を発揮する方向でまとまっている。

志田さんの場合は、個人としても組織の一員としても能力の高さをかわれた。以来、大井沢の山々を秋から春は単独やグループでの狩猟、春から初夏は山菜採り、夏は渓流釣りや沢々に筌（ウケ）を仕掛け、秋はキノコや木の実を、そして冬眠前のクマを追い、一年中日々山を歩き、罠を掛けて歩き、まるで山そのものを自分の肉体の中に取り込むように覚えてしまう。自然が身体化される、そういえば良いかもしれない。

山に生きるとは、山で稼ぐことである。生活、生業である以上、綺麗事だけでは生きれはしない。生々しい命たちとの駆け引きが日々続く。しかし、志田さんは絶えず理性、山に生きる哲人のように考えつづけ、そして歩きつづけた人であった。賛否はあっただろうがツキノワグマの子を抱いて家に帰り育て、あるいはニホンザルの子供を育て一緒に暮らした。動物のことが知りたいという探究心と狩人としての命との向き合い方を考え続けた。

「私は学がないのでうまくしゃべれないけど、野生の動物にバカはいないのよ。だから今も子孫残して生き続けてるでしょう。大したものだ！　それが何よりの証拠。彼らは彼らなりの天才なんだよね。生き続けることが許されてるんだから。私ら人間も、生き続けるために学ぶのよ。山の掟とルール、そしてものを言わない動物たちが何を見ているかを習うの。まだまだ先があるのよ」

九十歳になろうとしていた志田さんが、研究会のゲストに来てくれた日の夕刻、ロビーでそう語り、ニコニコしながら自分で軽トラを運転して帰っていった。十五年も前のことである。

令和四年九月十五日（たぐち・ひろみ／狩猟文化研究者）

目次

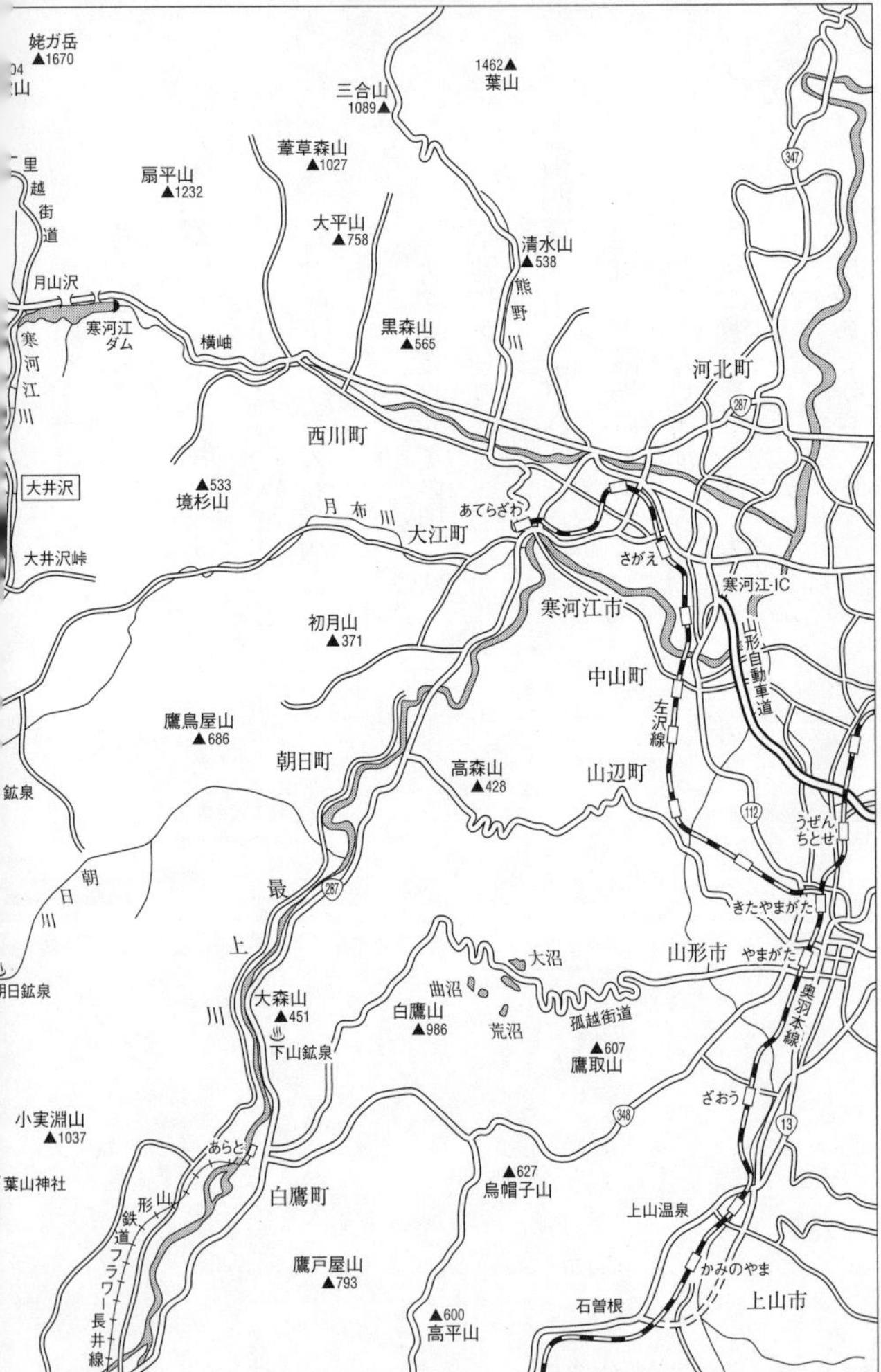

姥ガ岳
1670
三合山
1089
1462
葉山
葦草森山
1027
扇平山
1232
里越街道
大平山
758
清水山
538
熊野川
月山沢
寒河江ダム
横岫
黒森山
565
寒河江川
河北町
287
347
西川町
大井沢
533
境杉山
月布川
あてらざわ
大江町
さがえ
大井沢峠
寒河江IC
寒河江市
初月山
371
山形自動車道
中山町
左沢線
鷹鳥屋山
686
朝日町
高森山
428
山辺町
鉱泉
112
うぜんちとせ
朝日川
最上川
287
きたやまがた
大沼
山形市
やまがた
朝日鉱泉
曲沼
大森山
451
白鷹山
986
荒沼
孤越街道
奥羽本線
下山鉱泉
607
鷹取山
ざおう
小実淵山
1037
348
13
あらと
627
烏帽子山
葉山神社
白鷹町
上山温泉
山形鉄道フラワー長井線
鷹戸屋山
793
かみのやま
石曽根
上山市
600
高平山

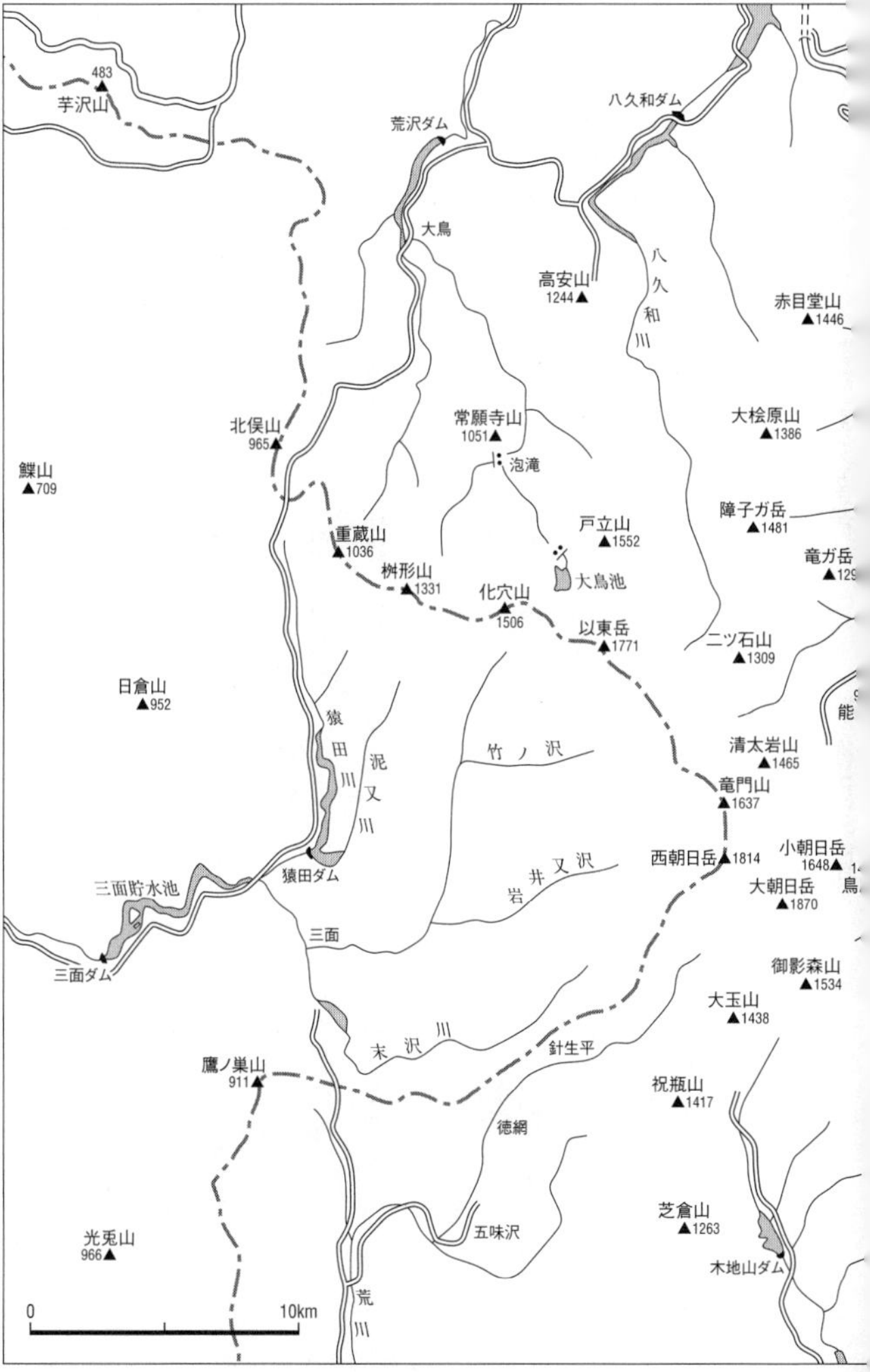
483
芋沢山
荒沢ダム
八久和ダム
大鳥
高安山
1244
八久和川
赤目堂山
1446
常願寺山
1051
大桧原山
1386
北俣山
965
鱒山
709
泡滝
障子ガ岳
1481
戸立山
1552
重蔵山
1036
桝形山
1331
大鳥池
化穴山
1506
以東岳
1771
二ツ石山
1309
日倉山
952
猿田川
泥又川
竹ノ沢
清太岩山
1465
竜門山
1637
西朝日岳
1814
小朝日岳
1648
岩井又沢
大朝日岳
1870
猿田ダム
三面貯水池
三面
三面ダム
御影森山
1534
大玉山
1438
末沢川
針生平
鷹ノ巣山
911
祝瓶山
1417
徳網
芝倉山
1263
光兎山
966
五味沢
木地山ダム
0
10km
荒川

まえがき

私が志田忠儀《しだただのり》さんに初めて会ったのは、昭和四十八（一九七三）年十一月でした。大井沢から地蔵峠やブナ峠を越えて、朝日町の一ッ沢へ車で案内していただきました。ブナ峠にはブナやミズナラ、ナナカマドの紅葉が残っていました。ひと晩志田さんの家に泊まり、翌日目が覚めると一面の銀世界。三〇センチは超す雪で覆われていました。驚いて窓から雪を見つめる私に、「冬には冬の楽しみがあるから」と何気なく志田さんは言いました。

志田忠儀さんは大正五（一九一六）年三月生まれで、現在七十五歳。朝日連峰の麓、月山を眼前にのぞむ寒河江《さがえ》川沿いの、山形県西村山郡西川町大井沢に生まれ、育ち、現在も住んでいます。

戦前から山に入り、戦後も、春はクマ撃ちやゼンマイ採り、夏は登山や釣り、秋はキノコ採り、冬は猟と、一年中、山を生活の場として暮らしてきました。

一方、昭和二十五（一九五〇）年から磐梯朝日国立公園の管理人として、朝日連峰に来る多くの登山者のために山小屋や登山道の管理や整備も行なってきました。また、遭難救助隊の隊長として多くの人命救助にもあたり、文字通り縦横無尽に朝日連峰をかけめぐってきました。地元の子供たちは志田さんのことを「風のおじさん」と呼んでいたほどです。

志田さんの行動範囲は山の中にとどまらず、ブナ林の皆伐に疑問を持ち「朝日連峰のブナ等の原生林を守る会」会長として、営林署、県知事、林野庁長官にまで陳情し、ブナ林伐採の中止を実現させるほど広いものでした。平成元（一九八九）年には自然保護に関する功労者として、勲六等単光旭日章を受勲しました。

「朝日連峰のことは志田さんに聞け」と多くの人が語るように、昭和五十（一九七五）年から同じ朝日連峰の麓の朝日鉱泉に住みついた私も、話が聞きたくて志田さんを何度も訪ねました。

志田さんの話はいつ聞いても面白く、意味の深いもので、その正確な記憶力に感心させられるばかりでした。とくに、野生動物に興味のある私には「マタギではない。狩人《かりうど》だ」とこだわる志田さんの動物の話は感動的で、なんとかこの話をまとめてみようと決心しました。それが一〇年前のことです。

その後、志田さんも私も比較的手がすく冬に、大井沢へ泊まりがけで通い、志田さんの話をテープにとりました。積雪が四メートルを超す大井沢の雪景色は、山や動物の話を聞くのには最適で、しばしば時のたつのも忘れ、深夜になったこともありました。テンやタヌキの毛皮を前に聞いたこともありました。

志田さんはどんな時でも姿勢を正しく、ゆっくりと語ってくれました。まったくメモも見ず、話の内容は自然や動物を通して、もっと深いものを訴えているようでした。テープは相当の量になり、それを何度も何度も聞きながらまとめましたが、なにしろ長年にわたって聞いているため内容のダブリや年度の特定できない箇所がありますがご容赦ください。また、志田さんの話しぶりを生かすために、方言をそのまま残し、読みづらい方言には括弧で補うようにしました。多少読みづらくても、私が標準語にかえてしまうよりは、朝日連峰の狩人の生の語りとしての価値が生きると思い、あえてそのままにしました。

できあがった原稿は、志田さん本人と西川町の小川一博氏に読んでもらい、事実関係や方言などの間違いがないか確認してもらいました。何か問題があれば、関西生まれの私の聞き違いだと思います。

朝日連峰の麓に住みついて一七年、この本の完成はなんだか肩の荷がひとつ下りたようで本当に嬉しいです。また、志田さんと初めて会った時の「冬には冬の楽しみがあるから」の言葉の意味を、今、しみじみと感じています。自然とともに、四季とともに生活する楽しみが、私にもわかるようになるのだろうか、と。

最後に、いつも熱心に話してくれた志田忠儀さんと、いつも快く迎えてくれた奥様のキヨエさん、そしてご家族の方に心から感謝します。

平成三年六月　朝日鉱泉ナチュラリストの家にて　　西澤信雄

第一章　山暮らし

狩人とマタギ

――山歩き始めたのは小学二年生からだ

親父は鉄砲を撃《ぶ》ったが、今でいう胃痙攣《けいれん》みたいでね、ちょいちょい腹痛をおこす人で、にわかにね。それで用心で連れて歩いたみたい、二年生ころからね。日曜なんて必ず追っかけて行った。だからいつ覚えたともなくて（覚えたというのではなくて）覚えたね。もう五、六年生でウサギ寝てたの見つけるの、親父より早いぐらいだった。親父はこの先の石橋組って、おれの一番大きい兄とこだね、あそこに住んでいたんだね。親父は農業で、冬だけ鉄砲撃ちだった。生まれは寒河江で、出た家は白田組でね。その親類が寒河江の荒町で製材工場しておって、手伝いで大井沢に来て、このへんのスギなんか買って川流しておった。もともと大井沢生まれじゃないが、山好きで、鉄砲撃ちや釣りなんかも好きでね、釣りは大井沢一ぐらい上手だったな。ほかの人が五、六匹の時、やっぱり二、三〇は釣るぐらいね。親父が弁当食べたり、タバコ吸ったりしている時は、よく竿を借りて釣ったね。当時は竹の一本竿だった。九尺五寸(約二メートル九〇センチ)の竿だった、毛鉤《けばり》釣り用でね。だから今でもおれは毛鉤ばっかりだ。

——クマ狩りは十五歳からやった

尋常六年上がって、高等一、二年行って卒業だからね、クマ撃ちはその年からだね。そのころ鉄砲が悪かったのか、クマなんかなかなか撃つ人いなくて、橋本製材の親父さんがクマ狩りの名人だと言われていたって、一五頭ぐらいしか撃ってねいんだな。その人と一緒に行った。

その親父さん、口笛吹けなくてね。口笛吹くと、ウサギは立ち止まるのだな、タカだと思って警戒して。だけど、親父さんが「行った、行った」って言うからバンと撃って、ハケゴ(かご)さ入れてヒモ背負った途端に、「ほれまたまた」って言われてよ。そいつもしめて(仕留めて)、ほかの人三匹ぐらいしめた時、おれ七匹ぐらい撃ったんだな。そしたら、「クマしめ一緒に行かないか」って言われた。今だと中学三年生だから十五歳だね。

――初めて行ったクマ狩りでクマを撃った

クマ狩りだから四月の末ころで、カモなんかよく湿地に下りるわね。行く途中カモ二羽飛んできて、タァーって落ちて、「撃ってこい」なんて言うけど、誰も行かなくてよ。そんで、「若い人行って撃ってこい」って言われてね。なんでかと言うと、このへんでは、ヤマドリなんかものすごく育つけど、猟期さ入ると全部下りて、飛んだやつなんかほとんど撃つ機会がないんだ。だから、カモだと飛んだとこ撃たんなんねいので、撃つ自信ないんだ。それに、五、六人見てたとこで逃がせば恥だからね。誰も行く気になんねいんだ。それで、「若い衆行って撃ってこい」ってね。おれ行ったら二羽一緒に飛んだんだね。川が小さいからね、一発で二羽一緒に捕ってね。「これは縁起いい」と言ってた。

クマ狩りは、編み笠といって、イグサで編んだ笠かぶるんだね。巻き倉（クマの巻き狩りをする場所）さ行く途中に、向かいの斜面クマ歩いてるの見つけた。ウサギがおれだの前、横がらみ（トラバースしながら）来るのだね。二、三匹ね。そのあとにクマが来た。先の方を歩いていたね。そしておれ、後ろから二番目にいたんだが、みんなは編み笠さひっかかって、鉄砲下ろさんねいんだな。おれスキー帽で、あのペロッとしたのかぶっていたので、すぐ下ろして撃ったんの。肩から入って背中の骨さ通って、まくれて行った（転がって落ちていく）のだ。連中鉄砲出すころにはもうクマまくれてきたんだな。

――一頭捕るとみんな大喜びだった

肩のへんだとはずれても、手のあたりに当たる可能性あるし、心臓狙うのが一番だね。村田銃でまともに頭なんか狙うと、頭の中に入らないな。二度、おれそんなことあったね。脳震盪《のうしんとう》おこして、フラフラって真っ直ぐ行って、立木さまともにぶつかって転んだりするけど、死なないな。あとで二発、三発かけて、しめることはしめたけどね。

その時は一頭捕ると終わりだ。そのころは一頭捕ると素晴らしいんだ。もう竜ガ岳まで行って祝砲を撃つと「ああしめたな」って部落でみんな迎えに出はるような時代だったね。金銭的には、あのころだとたいしたことなかったけどな。一週間かかって一頭捕れば何とか一週間分の手間賃になった。七、八人で行ってね。手間といえば、今だと一日一万円ぐらいだろうな。だからクマ一頭、四、五〇万かな。

――国立公園になる前から案内していた

昭和二十五年に国立公園の指定になったんだけど、昭和二十三年、四年と候補地の調査に入ったんだな。その時、朝日連峰を案内する人いなかったんだね。朝日町の人には、大朝日岳まで行くと、「おれはそっちゃ行ったことない」って断わられておった。おれだけ全部歩いておった。クマ狩りとか、五年生のころから登山やり始めていたからね。十六ぐらいからは山に何回も行った。春のクマ撃ちのシーズンだと、ずうっと雪の上歩けるわけだね。そういう時歩いていたね。山が好きだった。珍しかったんだろう。

朝日なんかおっかない山ってんで、地元衆が入らなかったんだね。おれは毎年以東《いとう》岳や大朝日岳の方まで歩いていた。出谷《でや》川、見附《みつけ》川なんてのは釣りで、休みだといえば必ず入っていた。

——山に入る前は足かけ八年、戦争に行った

軍隊に行くまでは家の百姓の手伝いだった。軍隊は昭和十二年に初めて行った。十一年に志願兵で乙種合格した。甲種合格じゃないと行かれなかったのでね。胸囲が狭いのと、体重が軽いのでね。それで、将来機械が発達するだろうなあって、免許証取ってね。そしたら取った途端に戦争が始まって、招集だね。志願してもとらないのに、今ごろ来いなんてね。山形連隊に一年ぐらいいたけどよ。引っ張られて、補充兵の歩兵二年やったが戦争は死ぬ勘定でじゃんじゃんやった。なんせ、一年間に二四〇回も戦闘があった。銃の修理の技術で志願して、二年かかるのを一年一〇カ月で下士

官の伍長になった。連隊に三人ぐらいしかいらない下士官で、定員外で帰って来た。その次は、移動修理班というので行ったが、前線の後ろを回っていたので狙われることが多い危険なとこだった。

また歩兵で北満に一年ぐらいいて、航空隊に転属して北京、唐山《たん》の飛行場で終戦になった。だから足かけ八年で、三〇〇円だかの国債の証書もらったが、敗戦で無効になったので、一文なしで放り出されたわけだね。

免許持っていたので第一貨物に戻ったが、生活するだけでいっぱいだし、家など建てられないし、本家の土建の日雇いをした。七〇〇〇円で二間×四間の家が建つので兄貴に頼んだが、「こんな高い時に」と言っているうちに、次の年は三万六〇〇〇円になってしまった。なんとか材料だけは買ったが、あとはどんどん上がるばかりだった。

――国立公園になってからは管理人になった

そのうち朝日が国立公園の候補地になり、調査の仕事が始まった。植物の先生だの、動物の先生だのとそこそこ歩き回ってね。調査は二年だったが、そのあともちょいちょい。でもあの時、県の方からは最低賃金だったから食えないぐらいで。そんでも国立公園の係長にいた人が覚えてくれててよ。「忠儀さんでないとわかんない（だめだ）、管理人になってくれ」って。

その時、賃金は三〇〇円ぐらいで、厚生省と県と半分ずつつくるのだった。そんで冬分も三日間ぐらい日割りあるので、出稼ぎなんかも行かんねえでしまった。だから、春はゼンマイ採りと秋はキノコで稼いで、夏遊んでいるようだったね。冬はワナや猟もしたしね。田んぼは三反歩ぐらいあったが、山田だったから売るほどはとらんねいでしまった。

昭和四十五年に、若い時は山に入って人の二倍も三倍も稼げるが、年をとると困ると思って旅館始めたのだな。おれは山やっていた関係で、営林署の人とかいいあんばいに入ってくれてね。

――おれはマタギではない。狩人だ

このへんでは狩人と言う。いつも呼ぶわけではなく、鉄砲たがって（持って）出る時だけに言う。「狩人に行くのか」って調子でね。鉄砲撃ちっていうと今の若い連中みたいに、獲物が跳び出すと、バンバンバンバンやるやつ、そういうなんを、鉄砲撃ちっていうんだな。だから、むしろ「鉄砲撃ちに行くのか」って言うと、怒られるみたいだったたな。「狩人に行くのか」とか「ウサギしめに行くのか」とか言ったね。

以前、ＹＢＣテレビで放送した『朝日連峰とマタギ少年』の時、マタギっての入ったので憤慨した老人がいた。「マタギなんて、とんでもない」ってね。

マタギってのは、悪い意味に使ったようだね。人の殺し屋ではないけど、動物の殺し屋ってイメージだな。狩人の時は獲物を捕る人だ、という意味なんだね。このへんでは、マタギは何もかも殺すというイメージで、狩人は必要なものを殺すという感じだね。

マタギってのは、江戸時代、幕府あたりに毛皮なんか献上して、士農工商のマタギ職という、鉄砲撃ちの一つの位みたいだったんだけど、このへんでは何か、そうじゃないな。

このへんじゃ、副業って何もなかったから、全戸猟をやったという感じだね。ここは宿坊というか宿場だから、何々坊というのは肉も食われないとか、四足二足食わないとかで、ぜんぜん猟しない家も少しはあった。だいたい中村ぐらいで、原に一軒か二軒あった。そんなところで、むやみに殺生するのは嫌われていたのかな。

クマ狩りに行って、大鳥《おおとり》とか八久和《やくわ》の連中に会うと、おら方の最上って言うんだな。本当は村山だけどあっちの連中に、「最上のマタギ来たぜ」なんて言われると、なんだかうまくねいなあって感じを受けていたもんだね。「マタギなんて」って悪い意味で言われているようでな。大鳥や八久和の庄内ではマタギで通ったんだね。山形県では、なんだか山寺あたりでマタギって使うようだ。それで証明書みたいなの持っているというか、巻き物みたいのあるらしくてね。幕府からもらったのだか、朝廷からもらったのだかわかんねいけど。

今は、マタギと呼ばれても平気だし、狩人と呼ばれても何ともない。そら狩人の方がうれしいけど。

――生き物を殺すのは自然の中じゃないとだめだなあ

むしろ、処理場あたりで、牛や豚を殺しているのが、何か残酷な感じするけど、おれたちのやっていることは、何か当然な気がするけどね。山の獲物撃つのはね。

秋に里に下りてきたクマを撃ったことはないな。なぜか縁がないということもあるべが、「秋なんかにしめたって」というのがあるな。クマは山で勝負するもんだ。それに、春の楽しみがなくなるという感じを受けるけどね。

ウサギ撃ったり、クマをやったりしているものだから、そのへんで「おれのヤギ殺してけろ」って言われたら、とてもできないな。平気でやっている人いるけどね。「ニワトリを殺せ」と言われても殺さんねい感じだな。

生き物を殺すのは、自然の中でじゃないと、おれの場合はだめだね。山の獲物はいいけど、ネコやイヌなんて撃ったこともないし、とても撃てそうもないなあ。人が飼ってたやつは殺せないな。

――でも、害になるやつは撃つよ

やっぱりクマの場合だと、たとえ人が飼ってたやつでも、撃たなければ危害受けるし、やむを得ないだろうな、てな感じだけどね。

クマの子供は飼ったこともないし、捕ったこともない。これだけやっていても、一度も子供のクマを撃ったことはない。撃つのもいやだし、最近は子グマ連れは禁止されているしね。

撃ちたくない獣なんていないけど、キジは撃とうと思わない。リスとか昔は高く売れたので見つけ次第撃ったものだ。小さいから撃たないというのではない、平気だね。

ヘビは嫌だね。遠回りしていく方だね。マムシは別だね。見たら殺すし、捕まえるが、ほかのヘビは見るのも嫌だけど。マムシは害になるからかな、見つけたら捕まえて食べる。

自然とともに暮らして

――おれたちの生活は自然が相手だ

ウサギだったら二月末ころが一番いいけど、ほかのだったら正月までだね。昔は足跡追っかけてテンなんかも捕った。ワナなんかには、かからないって頭だったからね。その足跡見るような天気が春だとなくなるんだな。すぐに凍ってしまったりしてね。十一月から十二月の雪で、降ったり消えたりするころが一番いい。

大井沢はヤマドリ猟なんてやる人いなかった。やっぱり野ウサギだから、一メーター五〇ぐらい雪が降らないと、だめで。今みたい、「初猟だ」なんて遊んで歩く人なんかいなかった。「最上に行ってカモ撃ってくる」、「庄内に行ってキジ撃ってくる」なんて、みんな走り回っているけど、おれなんかぜんぜん出ないな。二月から三月

いっぱいはウサギ撃ちだなあ。

四月になれば、薪切りだ。半月くらいはかかる。うちの山から伐り出すこともあったり、この中村の焚き物ってのは、上の方の向かい側の山で、一括営林署から払い下げていた。どこの家も木を焚いていたわけだから、みんなと一緒に行った。一軒の家で、一クイっていうて、二尺五寸（約七六センチ）の長さの薪で六尺×一二尺積んだぐらいで、それくらいあれば、あとは洪水のあった時に、流木少し集めてなんとか一年間分間に合った。

家が石橋にあったから、その前の河原が、流木拾うのにえらいええ場所で、見つけた木には石を置いて印にした。石を置いても、また増水して流れることもあるので、すぐに切った方いいな。流木は貴重なものだった。夏や秋の集中豪雨だと、急いで流木の集まる河原に行った。

薪切りが終わると、四月半ばからクマ撃ちだ。このごろは五月十日まででもやるけど、昔は五月五日までってなるとはあ、雪消えてだめだったけどなあ。春の雪は今わりと残るみたい感じだなあ。昔は雪は多く降ったんだけど、春には早く消えたみたい感じうけるね。五月五日ごろまでだから二週間、いや三週間くらいだなクマ撃ちは。

四月十七日ころの土用っていうとクマ狩り行って、一週間ぐらいのを三回ぐらい繰り返す。雪なくて二回ぐらいで終わることもあったけどな。

それからは、田の畔塗《くろ》って、渡って歩けるまで置いて、田をうなった（耕やす）。今みたいに耕運機使って明後日田植だ、うなわんなんねい、なんていうわけにいかなかったもんな。田をうなって、そして何日かおいて、畔切りをやって、田植えだったね。

ゼンマイは、五月二十日ごろになると採り始める。六月いっぱいぐらいがいいとこだ。七月入ってもやっている人いるけどね。おれは六月いっぱいぐらいでだいたい終わりだね。六月の最後の一週間ぐらい前にやめて、東京の夏山案内所が六月末の一週間なんで、それさよく出たんだけど、このごろは六月の初めに夏山案内所があるので、田植えとゼンマイ採りと一緒になるのでなかなか行けなくて。最初は汽車賃ぐらい県の観光課が出したんだけど、このごろはむしろ宣伝に行くんだからって、自分で出せってなもんで。向こうでは、東京の上野の松坂屋さんが、若干経費出してくれるけどな。最近は出てないな。

そして帰って来ると、登山はまだ始まらないけど道刈りだね。最初は朝日町から西川町まで全部だっけからね。それで四万円ぐらいで全部さんなんねいで、「そっち荒れた、こっち荒れた」って言われてね。

夏山はそれから八月の二十日くらいまでだね。九月の十日くらいまでは一番暇な時だね。釣りでもしないかぎり。

それからキノコ採りだ。マイタケ、ナメコってね。だからおれの兄弟は大井沢に住んでるけど、かか（女房）の兄弟が東京とか北海道とか行っていてね。「好きなことが職業でうらやましいね」ってね。

秋、雪降ってくると、今度は鉄砲近いなあ、春になると、山菜採れるなあとか、クマ狩りだとかね。夏になると釣りもやれるし、山に登ったりってね。秋はキノコってね。そう嫌だなんて思ったことはないね。

――出稼ぎ行った人は変わっていった

昭和三十年前後は出稼ぎの時代だったからね。ほかの人が出稼ぎ行ったって不安はなかった。おれは猟で、手間になるぐらい捕れたからね。テンとかイタチ、それからムササビなんて高価に売れたから、今なんかの日給に直したら、まだまだ毛皮の値は高くてもいいわけだけどね。

とにかく出稼ぎ行った人がどう変わったって、徐々に変わっていったからね。

今はテレビがあるから東京あたりのこと見ているわけだけど、その時代はぜんぜんわからないんだけどね。出て行った人、東京の方の生活に近いみたいでね。

昔だったら我々は山に毎日出はるけど、女の人なんか家にいて、やっぱりきまめに（てまめに）継いでおったけど、そんなより出稼ぎ行って、シキシ（衣類のつぎはぎ）の当たったの着ないでな。モンペでもズボンでもシキシなんぼあったって、ものすごいの着ていたの。出稼ぎ行ってくると、どんどん別の着た方がいい、っていう傾向だったんだね。三十年前後だけど、出稼ぎは一二〇人くらいは行っていた。今は四、五人だな。

所帯持つ前に出稼ぎに出た人なんか、住みついてしまったな。家のばあちゃん（女房）の兄弟なんか五人ぐらい東京にいるけど、やっぱりノリ採りに行って、「年中いろはあ」って言われてそのまま住んでしまった。

ノリ採りは、お月様の上り具合っていうか潮の満ち干で出勤するので、午前二時だの三時だのっていうの。そういうの大井沢衆でないとできなかったみたいで、一人行ったのまた頼んできてけろ、ってみんな行ったんだな。

やっぱり普通は八時間労働ださけ、何時から何時までだっていうのも、ここの人は、ノリ採りには何時からだって言われると、その時間には文句も言わずに出たので、東京の大森あたりずいぶん大井沢の人おったんだね。そのまま養子に入ったりでね。

最近出稼ぎが少ないのは、とくに寒河江ダム関連の仕事があるからでね。ダムの本体にかからなくても、取り付け道路とか砂防とかで仕事が多かったからね。寒河江ダムが終わると、このへんの道路もだいたい終わり。大手が仕事取るのでこのあたりの小さい会社じゃ大変だからと。公民館長やった時に山菜組合とか山菜の栽培でもって言っても、母ちゃと行けば一万なんぼになるのに、へっけなこと（そんな割に合わないこと）してられないって頭でね。

——ゼンマイをみんなで採れるよう調整する

息子と二人の時で、干して四二貫（約一五八キロ）採ったことがある。「三〇貫採ったら大変だから休むべなあ」って言っていた。このごろでも一貫目四万ぐらいするからね。だから夏の間は遊んでいるようなもので、ほとんど山さいるので山のこと覚えてしまったね。一年中、山と共にいたみたいなものだ。だから遭難なんかすると、七十歳の人だったら、ここを起点に歩けばこのへんに入るなあ、ここにいないなら、ここの沢にいるなあと、必ずその勘は当たったな。

ゼンマイは大井沢川の上流、桧原《ひばら》川の上流に誰も知らないとこあったけど、ほかの人が空だと気の毒だから教えて、朝げの五時半に大井沢の入り口に集まって、おれこっち行く、誰ほっち行くって、二重にならないようにした。だから桧原川や見附川は、採ってくる人は山ほど採って来るのに、採んないで来る人もいる。「大井沢川ってなんぼでも出る所だか」ってほかの人が入ってくるけどさっぱり採らんねい。やっぱり、三日ごとに入るように調整していたので、みんな採れたのだ。

おれが指図した。山を一番知っていたから、一番条件の悪いとこに行かんなんなかったが、「小さいのは採るな、その沢で必ずひと背負いなんない時は、ほかの沢の人が余分に採っておけ」って。おれもいいの採れる時は、採れない人の分まで採っておくからって。

そしてだいたい平均になるようにした。全員一〇貫や八貫になるようにした。ほかの人はたくさん採るが、おれは八貫目って決めたら、一本たりとも採んないからね。ほかの人は出てると、一〇貫目でも一二貫目でも採って背負って来るべ。おれはそうしない。おれは毎日だけど、ほかの人は田植えだ、何だって休まんなんねいからね。八貫目というのは背負ってみるとわかるけど、それ以上だと、転んだり、毎日だと疲れるからね。重くて、毎日頑張ってでは、体がもたない。背負うだけだといいけど、それだけ採るにはかなり広い面積歩かねなんねいから。

朝の五時半、大井沢の橋のとこ集合して出かけて、夕方は二時、二時半なんていうと遅いね。それで綿取って、ゆでてだからね。やっぱり午後から休みにしないとね。太いゼンマイだと、八貫目で干すと一貫目になったが、細いのだと一三、四貫目干さないと一貫目にならない。

――小さいのまで採っちゃうとしばらくはだめだね

息子と二人で、四二貫目採った年は、大越沢の上流第一トンネルの向こう側にいいところ見つけた。最初誰かに聞いて行ったら、さっぱり出てないんだね。クマ狩りに行った時、その上流でえらいゼンマイガラあるとこ歩いた覚えがあるのだね。ものすごい太いゼンマイばり（ばかり）よ。おれ探してる間に、息子が出てるところ見つけて「父ちゃんの分も採ったはあ」ってよ。行ってみたら、そのへんザァーッとゼンマイが一面だ。

大井沢川の方を人にまかせておくと、競争で採って、あぶれたのなんのって言ってね。うまくいかなかった。一二、三人いたね。でもおれと息子が大越沢に行くので連中二人分だけ余計に採れるわけなんだけど、それでもガチャガチャするけ、採れる人も採れなくなる。三人も四人《よったり》も、「三貫目だ、四貫目だ」と言うのいるんだね。

ほして、えらいガスかかった日に、採ってたら誰か来る気配がした。何だと思ったら、おれたちが毎日たくさん採ってくるので桧原の連中が三人で、自動車エンジンかけて、家の陰で車の通るの待っていたって言うんだな。場所を見つけよ思ってよ。そしておれの車さ見えぬとこずっと追いかけて来てたのだな。車降りてからは、雪の上のカンジキの跡見て追いかけてきたのだな。そして連中こんな小さなのまでみんな採ったものだね。そのほかもまだ別なとこあったので四、五年は採ったけどね、今はもう細くて細くてだめだね。

――なるだけ同じ人を同じ場所にやる

肥料もまいたこともある。効果はあったね。その時は各自で家から背負って行って、ここは誰それとか、なんて決まったみたいに同じとこに行くようになったからね。別に場所が決まっているわけではないが、どうしても三日目、三日目って行くと、小さいやつ採んないわけだね。だから、なるだけ同じ人を同じ場所にやってね。そうでないと、この次誰来るかわかんないからって小さいのまで採られると、その次三日目に行ってもおがんなかった（生長しなかった）ということもあるべからね。

だいたい五寸（約一五センチ）、箸よりちょっと短いと採らないね。だと中二日置くと暖かい時は採れるくらいにおがるからね。二日ぐらいで一尺ぐらいに伸びる。ゼンマイが背の丈ぐらいになることもある。長くても二〇センチから二二センチ、七寸ぐらいで採るのがいい。他の連中来て、「そなた（あなた）計って採ってくるのか」なんて言っている。

――おれの民宿では自分で採った山菜を使う

今は見附なんか人の入らないとこあるのでそこで採ってくる。歩いて二時間ぐらいだね。昔の三分の一だね。「あと五、六年したら大井沢はもうゼンマイないはあ」って言っている。採る人も少なくなったんだがね。今は一〇貫目いかないな。でも家で使うのは二貫目ぐらいだから、まだ売る分もある。

おれの場合、民宿のお客様いたってなると、一〇種類ぐらい採ってくるからね。その分ゼンマイ採りは少なくなるし、どうしても毎年頼まれて採ってくれっていうの、だんだんだんだん減らしてはいるのだけどね。まだまだ何人もいる。「ほかの人採ったのでなく、お宅で採ったのけろ」って言われるね。大変だね。

ゼンマイと木の芽（アケビの芽）採ってくれとかでも、木の芽は女子衆採れるからキロ一五〇〇円ぐらいだな。家庭でも冷凍庫あるから注文があるらしい。甘く少しゆでて、ちょっとお湯通したくらいで、小さなビニールに入れて水ちょっと足したくらいで冷凍する。

冷凍は、木の芽とコゴミ（クサソテツ）とシオデみたいなのがいい。家では自分で全部採って使っているが、このへんでも山菜を買う民宿が多くなっている。

――腰かけてもはみ出すくらい大きいマイタケ

マイタケは息子と二人で最高四〇キロ採ったことある。昔は一人で四〇キロも採っ

た。二回背負ってね。一回では大きくなりすぎて背負えない。ほかのやつだと三〇キロぐらい背負うけどね。マイタケはやっぱりカサがあって、二五キロぐらいが限界かな。

この時は何本かの木だが、長男と行った時、一本の木で四〇キロぐらい採ったことある。ひと株で二五キロぐらいあったな。六貫目だな。人がそこにしゃがんだより、はみ出すぐらい大きかったよね。

いつも出るナラの木だけど、そういうふうに出るとひっくり返るね。中空になるくらい菌が回っているんだね。平らな所にある木だった。その後、おれが入院した時、酒屋さんの息子よくキノコ採りに行くので、「あそこの木さ行ってみろ」って言ったら、そら二年おきとか、三年おきとか決まっているからね。今年出る分だったから。そしたら、「三〇キロぐらい出てたって、家で一〇キロぐらいもらった」って言っていたけどね。その時でキロ三〇〇〇円ぐらいしたからね。息子と行って、一〇万円ぐらいになったこともあったね。出ない年だと四〇〇〇円ぐらいすることもある。年によって違うなあ。

――最近、天然のナメコがなくなった

ナメコが栽培可能であったら生活むずかしかったと思うね。ナメコ栽培できなくて、天然のやつだけだったから高く売れたからね。天狗へ行って出谷へ下りて、ウツボに登る三角の明光山ってあるね。そこ登ってあの陰の沢をずっと下って平七の合流点まで行って来るぐらい歩いたね、一日にね。

あのへんだと誰も行かないから、今日はなんぼ採ってくるってな、だいたい前の時に小さなキノコ見ているからね。

最近になって、天然のやつはぜんぜんなくなった。不思議だね。栽培であれだけぼうぼうふかしているので、胞子なんかずいぶん飛んでるわけだけどね。

出る箇所だって小さくなった。昔だと一本全部にだあっと出てね。大鳥池なんか泊まると、「おつゆ何する」なんて、「じゃキノコ採ってくるか」って、あのへんの藪歩けばどっさり採れたのにね。ついでに持って帰るぐらい。本当にここ何年かは出なくなった。

終戦になって帰ってきて、自動車の方やっていたんだけど、面白くないのでやめて、本家が土建業だから稼いでて、昔は秋さになると仕事きり上げて、「帳場終い」って、刈り上げ（旧十月一日）ぐらいで終わりになる。ひと夏稼いで二四〇円だかもらった。そして刈り上げで休みだけど、山さ行ったらナメコ三〇〇円ぐらい一日で採って、明日もと思っていたら雪降って、行かんなくなったりしたことあったね。

炭焼きの時、炭釜つぶれると悪いから雪掘りに行ったら、いいテンの足跡あって、追いかけて行ったらナラの木あってね、なんともしょないし、ボロ手ぬぐいに火つけて、穴から入れたらテンが出てきた。ぶったら米三、四俵買うぐらいの値段になったりね。

ナメコの栽培は二〇年ぐらい前から始まった。以前は一升って、升で売ってね。もちろん「山のものは山ばかり」って山盛りに上げるんだけどね。それで一升採れば一日働きに行ったよりもよかったね。おれなんか山に出ると、一日一斗五升なんてあるから、八升ぐらい一本さ出るのあったもんね。

――春と秋だけで充分生活はできる

今でもカノカ(ブナハリタケ)は一本の木に多く出るけど、ナメコは出ないな。なんか出ぶりが悪い。一升で一日の日当だけど、目方にしたらどれくらいあるべ。天気のいい日なんかカサだけ増える。だから採ってくると、雨の日なんかでも、ムシロに広げて集めにくるの待っていたのだっけ、なるだけ乾かしてカサを増した。「アク(灰)つけて滑らないようにしてよこす家や、クリタケ混ぜた家があるけど、そだなこと言うと次の時買わんなくなっし」って言う仲買人もいた。二〇年ぐらい前だった。いい金になった。

だから、春と秋だけで生活できるので、国立公園の管理人なんて、月三〇〇円ぐらいでできた。それも半分が県費、半分が国費で請求書二枚書いていた。

秋なんか、イタチ本気で捕った。ワナ仕掛けてね。六〇匹ぐらい捕っていると、

「大井沢でなんぼ捕れていたってこれだけの金あればたくさんだろうって。皮買い来たら金足らなくなった」って皮買いの人言っていた。

そのかわり古寺の地蔵峠から、志津《しづ》に行く弓張平《ゆみはりだいら》の下あたりまでワナかけて全部歩いていた。自転車もなくてね。四〇カ所か五〇カ所ワナかけておくと、回るのも大変だ。

一〇部落あるけど、どこの部落でも鉄砲撃っても生活できる、キノコ採っても生活できる人って一人ぐらいはいたね。何かあるみたいね、捕れる人とそうでない人とね。

達人による釣りのコツ

——どこから流すかが釣りのコツ

昔は、イワナとカジカだけだったからね。ハヤも放流、マスも放流だからね。イワナなんか節句だとか、お盆だとか休みの日に釣りになど行くと、何倍もの手間賃になるくらい捕れた。一〇キロだとか一五キロだとか捕れたね。

釣り方のコツと言ってもどうもこうもないけんど、やっぱりワナかけと同じで、いろいろ歩いて地形を見るんだね。毛鉤《けばり》なんかきれいに作っている人もいるけんど、毛鉤の振り方がまずいんじゃないべか。

このへんでは、毛鉤は表面を浮かして流すんだね。パッパ、パッパやってるけど、偶然ひっかかるので、羽根が見えるかぎりは、構わず流すんだね。あまり見えないと、くわえられて離されると決まりだから、上げてまた打ち込むんだね。コツはどこから流すかだけど、魚が見えるとこで振り回してはだめだね。九尺五寸ぐらいの竿で、竿より糸を六尺か七尺ぐらい長くしてね。ずっと手前にいて、糸だけぱあっと出してやる。姿は見えないようにな。

竿は九尺五寸、三メーター。糸は五メーターぐらいだね。だいたいは六〇センチぐらい長くするのが普通だけど、二メーターも長くすると普通の人は振れないな。魚とり込むのもむずかしいけど、専門に釣っていたころは上げた拍子に手網に受けとめていた。

でも、出谷川で釣って、そんなことしたらイッパツで切れるからね、やっぱりグチャグチャ浮かしてから釣り上げた。出谷じゃ、魚がでっかいからね。

――お客さんがイワナ食べたいといえば釣りに行く

槇有恒先生と初めて天狗に行った時、「この小屋は気分いいなあ。環境がいいなあ」ってよ。「もうひと晩泊まりましょう」って、一緒に行った連中、やらかしてね。前の日登山道のわきから、マイタケ採っていた。ちょっと古いマイタケだったけど。「もうひと晩するなら、おれ出谷川まで下りてマイタケ採ったり、イワナ釣ったりしてくるから」ってね。そしたら、大きなばり（ばかり）その時ひっかかってね。一尺五寸ぐらいのばり二〇ぐらい釣って、持っていったら先生、「尾瀬に尺以上のいないよ、だいたい五、六寸」って驚いてね。

東京まで持って行きたいと言うんで、大きな火おこして二匹ぐらい、何回もあぶり返したけど、縦走しているうちにわからなくなって（だめになって）、なげた（捨てた）けどなあ。

今は大きいのいないだろうな。ここ五、六年は出谷には行ってないしね。お客さんなんか来て食べたいなんて言う時なんか釣りに行くけどね。一回は桧原の刈り払い（登山道の道草刈り）に行って、ちょっと早くでかして（終わらして）、そしたら釣れてね。時計忘れて行って、もう三〇分なんて思ったが、時間遅くなると悪いなあって二一匹釣って帰ってきた。

山形さ行ってる人が、「一緒に釣りに行ってくれ」って来たんだ。釣りが好きでね。でも下手でね。釣らんなくって一四釣ったとか、何匹釣ったとか言っていたの。最近ではうまくなったがね。

この人、工事の時に大井沢に来て、ダンプを三台連ねて川の前で昼飯食っていた。その前で、おれちょっと一二〇メーターぐらいの間で七匹釣ったんだな。そしたら次の日、ダンプの連中、三台とも竿持って来てやっていた。かかるわけねいのにね。それからたびたび来るようになった。

――毛鉤は、クジャクと褐色レグホンだ

釣りはいつも毛鉤だ。出谷ではイナゴで釣ることもあるけどほとんど毛鉤だ。毛鉤だと六月の末だね。大井沢川と根子沢《ねこさわ》だと五月中ごろでも釣れるけどね。見附川だとやっぱり七月なんねえと釣れないな。古寺川《こでら》あたりだと六月最初から釣れるねえ。誰も釣らない時だとエサなんかで釣って、そのあとでも毛鉤だとかかるからね。

仕掛けは直接竿につけるのは馬の毛で、馬のシッポとったやつ。それ二メーターぐらいつけて、その下さ、五号か六号ぐらいの一尺ぐらいのつけて、その先に細いのと言っても二号ぐらいのだね。

最近の人だの、〇・六だの、〇・八だのしているけど、だめだね切れてしまう。やっぱり釣った瞬間クッと合わせないとだめだからね。

毛鉤は自分で作る。中芯は絹糸とクジャクの羽だね。クジャクの横に出たやつ、二本か三本と絹糸をよって、巻いていったはじに、鳥の羽の片側を真ん中から片側取ったやつを裏返しにして、先はさんで巻いていく。

だいたい根黒の赤だとこのへんは大丈夫だね。それはニワトリの羽で赤いけど、その中芯のわき黒いの入ってるやつだね。古寺川の場合だと、その黒入ってない赤ばっ

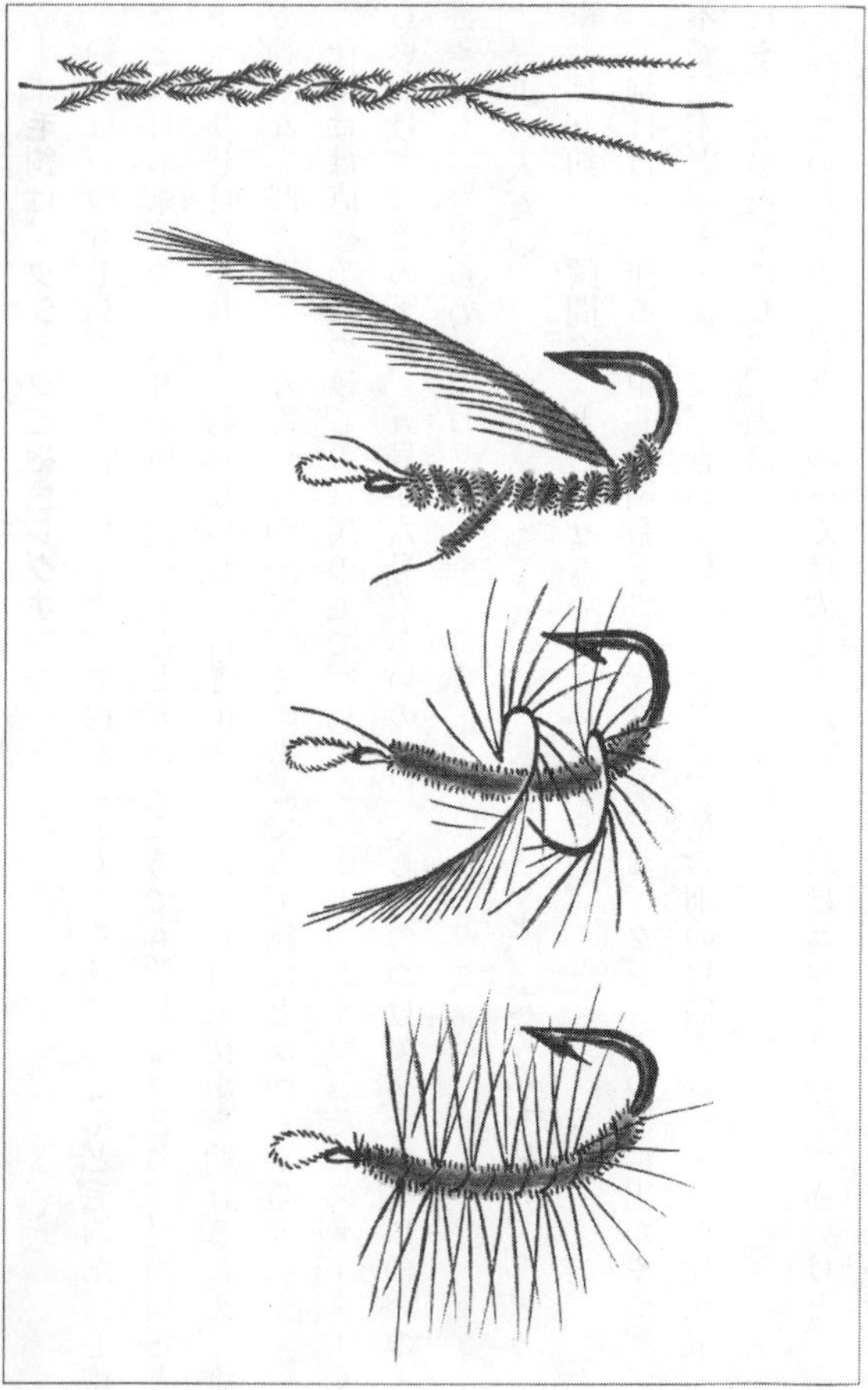

かりのがいいね。

ニワトリは褐色レグホンがいい。いつか、いいニワトリの羽と言ったら、名古屋コーチンがいいというので、血統証付きの鳥わざわざ駅止めで送ってくれた人がいてね。駅にニワトリ取りに来いっていわれてね。名古屋の方から送ってくれたのよ。でもコーチンだとだめだった。褐色レグホンじゃないとだめだ。クジャクと褐色レグホンだ。クジャクの代わりにゼンマイの綿なんかもいいけど、その重みで鉤の向きが悪くて魚がはずれる。

鉤は上向いて流れないとだめで、下向いて流れると魚がはずれるのだなあ。

――エサ釣りのコツは鉤の先ではなく、頭を隠すこと

最上川の場合だと、鉤がもっと曲がっているね。その鉤の先にちょっとエサつけるだけだね。でもイワナの場合はこっちの頭を隠さないと、イナゴなんかで釣っても尻っていうか鉤のとがった方出ててもいいが、たいがい川釣り、海釣りすると鉤の先さエサかかっていると、どうしても食いが悪い。イナゴでもずっと通してやって、頭隠してやる。先は出はってもかまわない。

鉤が曲がってて、羽は上から見て裏が上にくるようにする。下から見ると表が見えるから赤く見えるのだな。糸つける方から見ると裏が上に出て白く見えるのだね。そいつが、二、三本、ここで反対に向いていると、絶対魚がつかないのだな。二、三本出ていたら、ハサミで切るか、抜いてしまうのだなあ。本当に微妙だなあ。だからハヤ釣るの買ってくると、逆に裏が下に向かってるのでそれだとイワナつかないなあ。

毛鉤は一日釣るのだと五、六本持っている。歯がすごいので、バッと合わせる時、羽の巻いたのがツーっといって切れてパラパラってなることあるからね。それといつでも巻けるように、羽と糸を準備していくからね。

使う鉤は、「アキタソデガタ」というのがいいんだね。そして真っ直ぐ見た場合これがよれて、中心より曲がっているのがいい。だけどペンチで曲げようとし続けると、硬いのでポキンと折れることがある。よれていないと、ピクリとはずれてくることがある。返しはついているけど真っ直ぐだとはずれる。

やっぱり何回も経験したし、親父もそういう鉤使って、はずれてわかんない、真っ直ぐなっていたからだなんて言ってた。そして鉤を替えたり、ペンチでちょっと曲げたりしていた。もちろん釣りは小さいころからしていた。大井沢川あたりで、親父の背中で渡してもらったぐらいの時からだ。

——最高のイワナは一尺八寸五分だった

昔は釣れたな。イワナも大きかった。でも大井沢川とか根子川、古寺なんてな所は昔から型が小さかった。八久和さ行くと大きくてね。タライからはみ出すぐらいの釣って来たな。

最高は、一尺六寸五分かな、いや、一尺八寸五分ってのはたたいてしめたけどな。出谷川だった。もっと大きなのもいたな。

こんな大きいのは竿上げたら切れるから、上げてもぶらさがるように頑張ってね、だんだん、弱らせて、それから上げるのだな。

どの川にでも一尺ぐらいのはいるけど、一尺二寸ぐらいで大きい方だろう。一尺二寸っていうと太っていれば一〇〇匁《もんめ》（三七五グラム）ぐらいだな。たくさん釣ったのでは、一二キロ、一五キロかな。一二キロでも六、七〇匹いるな。

――釣り大会ではいつも優勝した

釣り大会というので、朝五時から出かけたことあったたな。出谷に行って釣ったな。大井沢から登山道に上るの一時間二〇分、登山道から一時間で天狗、そこから一時間四〇分で帰ると計って、時計見い見い釣って、そして登って五〇ぐらいかな釣ってきたな。だんぜんで、みんな釣ってきたぐらいあったかな。こっちの沢だと当時でも、八匹から一〇匹だったね。

次の年は出谷川だめだってね。だからその年は、古寺に行って一〇〇ぐらいは釣ったかな。こんな小さなやつばり（ばかり）だったけど、数で一番、目方も一番だったけど、大物賞なんてのはだめだった。出谷川だったら、大物賞から数から目方からなんでも取ったものな。

そのあと桧原川に行って、その年は天気のせいかほかの人も釣れなくて、八匹しか釣れなくてとても賞なんか入れないと思っていたら、こっちの人七匹が最高で、一位になった。その時、七匹釣って下ってきて、ハヤサカ沢って小さな沢あって、もしかと思ってぶちこんだ。イワナはその沢遡《さかのぼ》るんだけど、ちょっとの水では上らんない滝あるんだ。その滝上ると小さな滝があって、そいつさ、ぶっこんだら大きいのかかって、大物賞ももらった。地元の人ばりの大会だがね。

大朝日の小屋建てる時、「今日二〇人のお客さんいるんだ、釣って来てくれるか」、「んだなあ」って言って、一〇匹釣ってきた。

大朝日まで一回往復したあとでも言われた数だけ、イワナは釣ってきたものだ。

――昔はサクラマスも滝を遡った

サケってば、サクラマスだね。昭和六年に月山沢にダム造るまでは遡ったんだね。竜門《りゅうもん》まで遡ったんだね。竜門ノ滝だね。八久和川はコマスって、岩谷沢《いわやさわ》の合流から三キロほど奥の滝まで遡った。かなり遡ったんだべな。

ほりついてた（産卵していた）なんて言って、投網をかけたりね。ほり（産卵）が終わるころになると背ボサボサになってね。投網二人で広げて、弱っているの流れてくるの捕まえたりしたけどね。そのころはうまくないけどね。

昔だと、ドウ（魚を捕るかご）ってヤナだと、遡っていくのいるけど、下りれなくなるやつね。大鳥のタキタロウ（幻の魚）を捕まえるのに使ったやつね。マスが入ったなんて騒いでいたね。食料にするほどかなりいたね。それでサクラマスの子、ヤマメって言っていたけど、スダチ（ヤマメの幼魚）とかヤマメがものすごく多かったね。下ってくるのは、三年、四年目だからバカに大きいのはいなかったけどね。雄はそのまま残るけど雌は下り、ドウなんかに三〇も四〇もかかるんだね。そしてまた遡ってきた雌と残った雄が産卵するんだってね。

福岡大の木村先生なんか専門だけどね。イワナも本来は海まで下る性質のものだけど、陸封されたんだって言葉使っているね。

――落ち葉流すと、マスは仲間と勘違いする

本当のサケは来なかった。マスだけだね。大井沢川の目の前にマスはたくさん来た。誰が捕ってもよかったので、わざわざマスを突く大きなヤスなんか作らせたりしていたくらいだった。大きいからいい食料になった。マスは落ち葉流すと、仲間と勘違いするという。青い葉っぱを流すと下り、下流の淵に入る。アユなんかイタチの皮を棒の先に付けてやると、みんな下るという類だろうね。天敵のカワウソと間違えてとかそういうなんだろうな。

大井沢川はアユは来ないのでやったことはない。アユの放流したことはあるが水が冷たいから全部下っちゃってね。

柳川にはもともと遡ったんだね。こっちは水《みず》ガ瀞《とろ》に魚道作って初めてマスは遡ってきたんで、大江の方から来て潜って突いたりしていたね。大井沢川には、もとはイワナとカジカだけでハヤもいなかった。ハヤも大江の方から持ってきて放流したのだ。夏分ならハヤの雄釣りがイワナより食いが激しくて、ガチャとくるのでやったものだね。ヤナギ虫とかバッタとかでね。三〇センチはあったけど、遡ってくるサクラマスは絶対に釣れなかった。産卵に遡ってくるからだね。だからサクラマスは突いてとか投網だね。

竜門ノ滝に潜って捕る人もいたけど、なかなかむずかしかった。あそこ淵は大きいからね。

サクラマスは捕れば生で食べたね。生のがおいしいね。保存などしないで、「本家さ持って行け」とか、「分家さ持って行け」とかね。そう数はバカほど捕れなかった。

その子のヤマメは捕れたけどね。ヤマメはイワナよりうまいしね。このへんではイワナもヤマメも一緒にいて釣れたね。

——何貫目も捕っていたカジカが今はいない

カジカは多かったね。お盆休みになると、隣組で川が分かれている一方を止めきって、捕って河原で焼いたり、捕ったやつを分けたりしてね。楽しみにしていたね。今は川を干すのも禁漁だけどね。

その昔は大江の方にサンショウの木があるのだね。ここらは自生していないけどね。その皮をとって毒流しに、大々的に大江から来たものだね。禁漁でもなかったしね。取り締まる権利がなかったのか、大江の方で来るの見ていたらしいね。

カジカなんか交尾の時には何貫目っていうくらい捕ってね。そして焼いて、ベンケイ（魚の串を刺す、わらを束ねたもの）に刺した。どこの家にもそれが三つも四つもあったんだね。今はさっぱり見らんねいけど。

今はどうしていないのか。月夜にカジカすくいなんて行ったけどね。やっぱり五キロ、六キロぐらい捕れたね。今はぜんぜんだね。

今はブナ伐採なんかでめったにエサが流れてこない、っていうこともあるのだね。これもブナを伐った影響だね。

ブナを伐ると、洪水調整力なんかなくなるのだね。やはり木の根ってものすごい力持っているけど、伐って一二、三年すると根が腐って崩壊するんだね。本多勝一さんが取材したあたり無数にガレ場（崩壊地）になっている。

幸い五十一年の豪雨から、ものすごいのないから救われているけど、それにスギの植林も大きくなって保水能力もでてきているね。でもブナの落葉に虫が発生したりで、エサが多かったことがカジカの多かった原因だし、ハヤとかニジマスを放流したというので、カジカのエサの分までそれに食われてしまうとか、カジカの幼魚がそんな敏感な魚に食われてしまうとか影響があるんだね。

それにブルドーザーが川に入ったら、もうそのへんはぜんぜんいないのだな。川で砂利とるために入った所は、ほとんどカジカはいない。つぶされるのか、あの泥流を嫌って逃げてしまうのか、とにかくカジカはいなくなった。

——炭焼きしても手間になんねいなあ

炭焼きは戦後二年ぐらいかな。結局ナメコがねらいだったから。ちょうどナメコ出る時に原木払い下げになって、雪降るまでに釜をついて（炭焼釜を作って）小屋を掛けないと。よく炭釜で炭上がるまで弁当三〇背負わんなんねいって言ってね。三〇っていうのは釜作る時三人、四人も頼んで釜打ちってあっけからね。三〇背負わんねいほど日数がかかるようでは、おれは、ナメコ採らんねいと生活さんねいからな。春はまた雪消えればゼンマイ採りだし。そんな関係で炭もそろそろ石油コンロだ、プロパンガスだ使う時期に入ってたから、ほかの人みたいに長くやんなかった。

昔から炭は農協なんかで扱っていて、払い下げの原木代農協で出してくれて、それが借金ってなっていくって、専門にしている人でも言うんだっけ。だからキノコの時期を棒に振って炭焼きしても、手間になんねいなあと思って、二年ぐらいしたあとはやらなくなった。

今はないけど、炭山で炭の原木払い下げしてもらっている人は、造林に出はれ、なんて義務的にさせられた。ただではないけんど、安い賃金で出はって、スギ植えしたり草刈りしたり、下刈りだって言われてた。

――賃金が二〇〇円のころ、テン二匹で一万円だった

昔だったらどんな天気でも山に行ってたからね。家の人が心配ってない。だいたい何時に帰ると言うと、その時間はほとんど正確に帰ったからね。そしてテンを夜待って撃つという時には、だいたい家に戻ってからまた折り返して、防寒の外とう着て行ったりしたからね。あまり遅くなったということもない。昔は炭焼きしている人もたくさん山の中にいたので、その人さ連絡頼んだこともあった。

収入って言えば、終戦直後だから、昭和二十二、三年ごろで、賃金が二〇〇円って言えばだいぶあとだと思うんだが、いいやつだと二匹で一万だね、テンだけど。そのころから比べると今は安いね。それでいて誰それテン捕ったぞって言うと、皮屋が先に買おうと夜通し歩いて来るぐらいだった。皮屋も儲けたんだべね。

テンが多かったのでない。ほかの人はなかなか捕れない、一生猟やって捕らない人もいっぱいいる。この場所自体はテンの数変わらないな。

今年でも、一人は二〇匹超した人と、おれが八匹と、一匹ずつのが二人ぐらいいたかな。二〇だと八〇万ぐらいだね。加工して五万平均ぐらいだね。そしてイタチを四五とか捕ったってね。イタチだと二〇枚でショール作って一五万ぐらいだね。

テンは三〇匹ぐらいは例年大井沢では捕れてるね。なかなかむずかしくて、普通の人は捕れないね。においとか、位置とかあるんだな。タバコのみながらなんて絶対かかんねい。

昔なら二、三匹捕るだけで冬場炭焼きするほどの手間になったな。

――ネコは好きになれないな。なんでも手をかけるから

炭焼きやっていた時、一番困るのは、釜の口から木を立てて焚きつけ、丁度のふたを石をして、周囲を粘土で固めて若干開けておかないと酸素がなくって消えるんだね。

それで穴開けておくと、そこが暖かいので、夜ネコが寝てしまう。そうすると、釜の調子が狂ってしまうね。

ネコは嫌いだね。気持ち悪いというか、好きになれないな。猟もやるし釣りもやるし、釣ってきたやつでも捕ってきたやつでも、ネコ暇あれば手をかける。クマなんかは手をかけないが、魚なんかほとんどかっぱらって行く。

干していた大きなクマの胆やられたこともあるし、他の家に頼んでいたのをね。ちょっと油断していると手をかける。夜中でもウロウロしてね。鍋とかバケツに入れたぐらいだと引き上げて行くからね、イワナなんかでもね。

今は自然繁殖して困っている。イワナなんか池に放つと、当日は跳ねるから、ネコが七匹ぐらい集まっていてね。跳ねただけではだめで、捕れる機会があるから集まっているんだね。待っているんだね。持って来たイワナが跳ねるのは二、三日でね。四、五日すればもう跳ねないのでネコも来ない。イワナは環境が変わるとほかにもっといい所あると思って跳ねんだね。水の流れる所に跳ねるね。川の方にね。

夏分だとネコは山の方にいるね。冬は入ってないけどね。殖《ふ》えるには家とか小屋とか倉庫みたいなものがないとね。本当の野生では殖えられねいなあ。

第二章　クマ狩り

昔からの巻き狩り

――昔からクマは巻き狩りだった

おれが始めた時はもうクマはいい金にはならなかった。昔は大井沢峠を越してだったから、材木運ぶわけにいかないし、炭焼いたって七軒《しちけん》とかで一日焼くのと比べれば、大井沢は七軒まで運ぶ分あるので二日かかったのと同じだからね。だから田んぼに入るまでクマ狩りしていた。

戦後は、萱野《かやの》から上が見附でひと組、桧原は人がいなくてひと組たてない。中村の組も行ったが最初は捕れなくて、しかたないし。逃がした時は、お前「通切《とりきり》」だけど、あんなに大きい声立てなくてもこちゃ登るのだとか、もう少し早く声かけないと抜けられるのだとか、皆さこごとがましいけんど教えているうちに覚えてね。そしておだの組毎年四つ五つ捕るようになった。

昔からクマは巻き狩りだった。「鳴《な》り込《こ》み」が追い出し、立って待っている「立前《たつまえ》」が撃った。「前方《まえかた》」が全体を見える所で指示し、身振りでミノを引っ張ったり、ハケゴを引っ張ったりで、這って見せたり、走って見せたりで合図したんだけど、今はトランシーバーだからね。トランシーバーは、おらだの場合は山小屋さ使ったのでわりと早かった。昭和三十六、七年ころだね。


——立前、鳴り込み、通切、前方はすべて倉によって決まる

立つ位置はすべて決まっていて、そしてクマが一番来る所を「三蔵立前《さんぞうたつまえ》」と言うんだなあ。

なぜかというと、おらだ知らないのだけど、明治時代に鉄砲さ入ってきたころ、三蔵と文蔵という兄弟がいて、三蔵というのが鉄砲の名人で、なりもあまり大きくなかった。この兄弟が二人でクマ狩りをして、逃げる確率が一番高いという所に三蔵が立って、文蔵がそこさ行くように追って、二人で捕ったっていうんだなあ。クマっていうとその三蔵っていう人が絶対逃がさなかったそうだ。ウサギ撃ちなどはヘタの方だったたっていうのでよ。クマは度胸で撃たんなんねいのだって言ってた。

クマの一番行く所が三蔵立前だ。だからその倉によって三蔵立前は「上立《かみのたつ》」になったり、「下立《しものたつ》」になったりする。倉巻く時は、尾根を真ん中に置いて右左の尾根に立前と鳴り込みがいる。そしてクマが立前に行かずに違う方向に逃げるのを防ぐために、通切というのが立前の両端にいる。対岸の倉がよく見える所に前方がいて、クマを見ながら、「ほれ勢子《せこ》、行け」とか、「通切さなれ（さけべ）」とか合図して、立前にクマが移動するようにする。おら方では勢子のことを鳴り込みという。

普通クマは尾根の右左見ながらゆっくりと逃げるので、勢子がぼう（追う）とクマは逃げる。立前の方に逃げない時は、通切が声を出して立前のいる尾根の上部に追い込むのだ。だいたい三蔵立前の方にクマは逃げるのが多い。立前、鳴り込み、通切、前方はすべて倉によって決まっている。どこの倉はここが立前、あそこが通切と決まっているのだ。

――昔はよく縁起かついだけど、おれはかまわない

おれの覚えている倉は、根子で八つ、見附川には一〇以上ある。中村は九つだね。戦前は各組で倉が決まっていたが、戦後はどこの倉に行ってもよいようになった。

倉はだいたい地形を見たらわかる。でも知らなくてほかの倉巻いて、年寄りから「あそこの松の木が三蔵立前だな」とか、「こっちのブナの木あるとこが通切だな」とか聞いて、ああほならおれら通切さぼった（追った）んだなあとか勉強したな。

今は一日に二つしか巻けないし、土曜、日曜しか行かないので一年に六つ、七つしか巻かない。クマがいると、おれも行きたいっていう人がいるのでよけい巻くこともあるなあ。

だんだん変わったよ。昔だと、山小屋にいても後ろ通るとクマに後ろ通られるとか、縁起かついだけどおれはいっさいかまわない。

昔はポケットに金なんか入れておくと、えらいごしゃかれた（怒られた）けど、なんでだったんかな。それから、焚火してて手組むと、なんだ手組んで、とごしゃかれたりした。葬式はかまわないけど、お産の話なするとごしゃかれた。サルってな言葉嫌って山のおんさまとか言ってたなあ。

――見附組を手伝って、クマ撃ちに成功

終戦後、中村はおれがまとめたぐらいで、やはり二年ぐらいはいくら追っても捕れなくってね。三年目あたりから年間四頭ぐらいずつ捕った。そしたら、見附の組が指導者がいないのかぜんぜん捕れないんだな。おらだ四頭ぐらい毎年捕っていてね。そして「前の日行ったら五頭ぐらいいたけど捕れない。中村組で応援してくれないか」ってね。

そしてある人の家に行ったら、「おれなの行けってば行くけど、母ちゃんと相談し

てけろ」ってな。母ちゃんはやるのはいやでいるみたいだったし。明日何時出発だからもし行けたら来てくれって。もう一人のとこ寄ったら、「中村衆ばっかりだったら下手にしてはずしても笑わんないけんど、他の組さ行って、はずして笑われていらんねいから行かねいはあ」って言われてね。結局、おれ一人ばり行ってね。そしたらあっちで、「中村の方からも応援に来るって喜んでいたら、一人ばりか」なんて言われてね。

そしたら、倉でなくって自然道歩いているの見つけてね。連中ばらばらに行って撃ったらいいなんて、誰とも相談せずに出かけた。だから、「待ってろ、とにかくおれ一番遠いところまで行くから」って。「こういうふうにして追い上げろ」って言って巻いたけど、出ないのだな。当然出て来らんねい時間だけど出ねいから、ちょっと斜面さ真横に出たみたい太い木あるから、その上をちょこちょこ行ってのぞいたら、おれとこ突破して先さ行ってるのよ。だけどクマの逃げた斜面が三角なの。ユウフン山から赤倉って峰だから。上いたもんだから、上を一〇〇メーターぐらい走ると下四〇〇メーターも来らんねいからね。クマは下にいたからおれは上を走って行ったけど通り抜けていたのだな。だめだかなって。でも走ったから呼吸乱れてね。ひと粒弾《だま》だから、とにかく一間二間遠くなっても当たれば死ぬのだからと、ねっつく（よくよく）見当つけて撃ったら、ちょうど背骨さ当たって、まくれて（転がり落ちる）ね。

そしてかなり大きいので、「これワラワラばらして（急いで解体して）次の倉もうひとつ巻いて行くべえ」って言ったら、「いや初めてしめた（捕まえた）ので、このまま背負って行かんなんねい」って。おれは「こだなクマ背負わんねいから、おたくら背負えることなら背負って行ったらいい」って。そしたら背負い出したけど一回ずつ全員が交替したら、もう誰も背負うって言わない。バラしたらいいはあって。背負ったりしていたから次の倉巻かんねいで来たんだね。しめた勢いで連中家に帰りたくているしね。この時が見附では戦後初めてだね。

――クマ狩りは段取りしなくてはだめだ

指導者がいなくて、昔からやってた人いるのだけど、クマなど見るとブルブルってばりいて、こうしろ、ああしろなんてさっぱり言わないのだ。それに疎開してきて鉄砲好きな人いて、そいつはちゃっかりしていて、「あだな（あんなのだったら）行って撃ったらいい」なんて言って、勝手に出かけたりするんだ。だからそれまでだめだったんだろ。

それ以後は、やっぱり見つけたら段取りしてからしないとだめなんだ、ってことがわかってしめれるようになったね。

このごろは人数少なくて、見附ばっかりではまとまんない数になったね。七人ぐらい集めるに大変で。

中村は若い人も二、三人いるし、クマ撃ちに行くのには充分人はいる。

――**誰でも自分で撃ちたがる。でもそれではクマは逃がすな**

去年なんかは逃がしてばりいたけど、やはり誰が撃ってもコロコロいくこんだら、クマ狩りの楽しみがないし。やっぱし他の人が逃げられるの自分が捕ったっていうとこで面白いとこあるんだし。

いつもだと一〇頭ぐらい大井沢で捕れるけど四頭の許可だしね。あまり最初から捕るのもなんだし。この際おれもだんだん山来られなくなるし、息子やそれと同じくらいの年齢の人いるし、今年あたり撃たせないとって、こういう人さ立前させたんだけど、やっぱりだめで逃がしてしまった。

第一回目は立つ場所違ってね。息子に直接ではなくって、おれが通切にいて、息子を立前にやって、もう一人年配の人が立前にいたんだけど、おれがこっちで見ていたら、クマがこっち登ってくるの横向いて立っているんだね。「位置違うぜもう少し左さ寄れ」ってトランシーバーで合図したら、その人が「ここはおれ撃てるから、そっちゃいってろ」って立たせたのだな。また注意してもそのままだった。そしたら、二人の間にクマ来たのだが、人が危ないので撃てないのだなあ。そして通り過ぎた時、その人が移動したのでクマは一時息子の後ろの方に近づいたのだな。でも息子は後ろ六メーターぐらいに来たクマの足跡あるのにぜんぜん気がつかないのだ。前ばり狙っていてね。その人も、後ろにいるって言えば二人で撃てるし。おれもこっちいるので逃げてもおれの方に来るのだけど、息子が撃たないからその人「撃ったど」って。その人の鉄砲新しくて、目標をチャカリ（ほんの少し）上げて狙うといいのだと教えておいたけど、ライフルだから目標といったってほんの少し目標を上げてだったのに、クマの体分ごとそっくり上げてしまった。クマの毛ぐらい上げるのに。だから三〇メーターぐらいで三発かけているのぜんぜん当たらないのだ。さらに一〇〇メーター以上遠くなってから五、六発撃ってね。当たらなくって逃がしちゃった。

やっぱりしめれば同じだけど、クマ捕ってきて、「誰撃ったのや」って必ずなるからね。やっぱり撃った人は鼻が高い。だから撃ちたくなるのだね。

おれはもう撃ちたくはない。そんなんだから撃てるのかな。

――クマの巻き狩りは全員が冷静でなければだめ

その次、上に行ったらだいぶ大勢になってね。じゃ二組になって、おれの方が川のこっち向く、他の組はほっち向いて同時に巻いたらいいなんて、態勢だけとって待ってたのよ。そしたら、あっちいくら呼んでも出ない。しばらくして、クマいたんだ、今隠れていたんだってね。そしたら、「ほれ大きなまた入って来た来た」って聞こえるんだね。つまり仲間で連絡しているんだね。うまくあっちが巻いたあとでこっちも巻こうと静かにしていたら、今度は「撃て」って声聞こえて、パーンパーンで六、七発撃ったから、あんまり撃つようではだめだなあ、と思っていたら、クマが逃げてくるの見えてね。おれだ立っている方に逃げてくるので、「前方にいた人さ、上さ上げてるか」って言ったけど、「大丈夫だ」なんて言ってたのだけど、真っ直ぐに来ちゃって、前方をクマが見つけて、とうとう逃がしてね。

ただ遊んでたの見つけたのだから場所が悪くて、山が垂直に立っている岩の上みたいとこに息子が立っていたのだな。下に人がいれば、声かけて上にクマを上げる予定だったのが、人が遅れちゃって、何か音がするようだって、わざわざ登って見たら、クマが通り過ぎていたのだ。なかなか若い者には撃たせられない。

――初めてのクマを逃がすと、自信をなくしてクマを撃てなくなる

最初が大切だな。おれの兄貴クマ狩りやっていたから、ウサギ狩りして前祝いするって時、おれも行ってね。おれの上の方に親方の橋本親父がいてね。口笛の吹けない人でね。おれ二つ撃ってたら、「ほれ後ろ行った」って言うから、見たらウサギ

走ってきて、そいつ撃って、ハケゴ（かご）に入れて、鉄砲立てて背負った途端に、「ほれまた行った」って言われてよ。ハケゴのひもくわえてそいつもしめて。兄貴は七匹撃ったけど、おれ六匹ぐらいで、他の人は三匹ぐらいだった。だから、「人足りないのだから舎弟《しゃてい》も連れてってやれっちゃ」って言われてついてった。

行ったらクマがいて、ほかの人は網笠だったので、鉄砲下ろすのに時間かかってて、おれはスキー帽だったから、すぐに下ろしてクマを撃ってしとめた。初めて行った時だな。

初めてのやつを逃がすとなかなか撃てなくなるのだな。自信なくしてね。初めてが大切だね。だから最初はずさないで撃った人は、なんぼのこと（いくらでも）撃つしね。だからウサギとかヤマドリ飛んだの落とすからっていったって、クマだけはだめだな。みんなでやっているから責任がある。逃がすと気の毒だ、って責任感もあるしね。誰でもそうらしいなあ。

おれが逃がすと、なんて考えない。ああクマが来た、こだな調子いい時めったにないなあぐらいで撃っているからだけどなあ。何も考えない。ほかの人は来た来た、逃がすと大変だ、なんて思っているらしいね。

――三メーターぐらいで当てらんねいのはおかしいね

ウサギやなんか、ずっと上手な人でも、クマは目の前に来ても逃がす。ある人なんか一五メーターぐらいのとこに親子グマ来てね。親が止まったの。そして手前に子が重なったの。それを柴一本もないとこで撃ったら、前の年に転んで川さ落ちて、弾がしけっていたまんまだったから、チッチ、チッチって、ポロポロ、なんていったんだな。その音でクマは戻ってしまったんだね。そこにナラの木の太いのがあるんだね。こっち来たのが戻ったんだから、大将は二連銃だけどな、走って先になる勘定したら、ナラの木のとこから登ってきたんだね。三メーターぐらいしかないんだね。そいつさ二連銃でダガダガ撃って、手の先ぐらいで、その日逃がしたんだね。ほんだらおそらく出谷の上流の枯松《かれまつ》とか大赤沢って岩井沢の下に二つ倉あるからね、そいつのどっちかにはいた、っていうから、今度はその人とおれと行ったら枯松にいた。おれとその人撃って、親子二つ撃ったんだけど、前の日手の皮だけ当たっていたっけね。その人、「木が一本一本見えるくらいだった。おれあわなど食っていねいのだ」って言うけんど、三メーターだったら片手で撃っても当たらんなんねいけどね。面積からいえば、この戸二枚ぐらいあるのだからな。そいつを三メーターぐらいで当てらんねいのはおかしいね。わざわざそらさないと、当たらんなんねいけどね。どうして当たんないのか不思議だね。

――クマを右側から撃つ時は右手を出した時、左側からの時は左手を出した時

獲物がよく見えるというのは、あそこならクマが歩くとか、この倉を走るとか知っていて、そこを重点的に探すからだ。もちろん目がいいにこしたことはない。

だから、おれが二〇ぐらい撃った時、大鳥池にね登山に行ったら、大鳥部落の人が釣りなんかに来ていてね。「クマを右側から撃つ時は、右の手を出した時に撃つし、左側の時は左の手出したの撃つ」て焚火囲んで話しているから、「だいぶ撃ったもんだべね」と聞くと「おれはひとつだけんどよう、それも死ななくって、弾なくなって、大きなので九尺ばりあるので、石たがって（持って）クマの上前行って、ぶっつけ、ぶっつけしてて、他の人にとどめさしてもらった」って話していた。

やっぱり、手を今伸ばしたなんてわかるのだったらたいしたもので、あだい（あんなふうに）トタトタ歩くようだけど、撃つ時の気持ちだとヤマドリ飛んだのさ撃つような気分になるみたいね。撃つまでって瞬間的だと感じるね。

――確実に当たる範囲を決めてから撃つ

だから下手な人だと、真っ白い雪の上さ、黒いやつ来るものだから近くに感じて、距離遠いのから撃ち始める。だから撃てば弾詰め替えたりするので、見つかって逃がすのがうかい（多い）のだね。だからあの木の内に来たら撃つとか、松の木のこっちさ来たら撃つとか、それ決めて立ってろってね。ほんねいと、ずっと遠くいるのに、クマばっかり見ていると、ゆくゆく近く感じて撃ってしまうからね。これなんかコツだね。

ウサギだっていえる。あそこまでなら撃てば絶対死ぬし、あそこまではまぐれにしか死なないな、って距離があるからな。だから立つ時にそれ覚えていてね。もしも逃げて他の獲物が来ないとすれば、あそこらまでは無理して撃つけど、確実な範囲はあそこからあそこまでってね。

――クマは黒いから照準つけられない

それから、銃の照星も照門もクマも黒いものだから、こっちの照門ばり見てるとクマさ照準ついた感じするんだね。ずっと下がっていてもね。「必ず雪で照準つけてからクマにそっと持っていけ」って言っている。肩付けさえ動かさなかったら、動かしても真っ直ぐ行くけんど。自分の見ていたとこにね。ヤマドリなんかいちいち合わせるのでなくって、肩付けると手の位置で撃っているのだね。ダッダダーンって飛ぶのをね。

一度肩はずしてしまえば狂うけどね。だから必ず、照星と照門を白い雪の上で合わせて、そしてクマに持っていって撃ってね。普通はその余裕がないようだな。

おれが初めてライフルたがった時、クマの親子が登ってきたんだね。で、その前の倉にもひとついて逃がしてね。そしたら登ってきて、今度は射程距離だ、って鉄砲構えて目つぶったら、黒と黒でぜんぜん照星の位置わかんないのよ。これ困ったなあ、って見当つけてるうちにゆくゆく近くなったんだね。そして、撃った。頭真っ向に撃ったけどね。だからほかで立っていた人ら、ずいぶん近くでしめるものだねって。照準乗んないで、照星の位置が黒でまったくわかんなかった。だからすぐに撃たないで、横の藪なら照星見えるので合わせているうちにゆくゆく近くなったんだね。そのかわり真ん中だね。ダーッと押されていって、その後ろさ子グマが登ってきたの撃ってね。

——七十二歳で初めて大きなクマをはずしたっていう人がいた

あわくったらだめだ。鉱泉の前の山で、木川に越える山と鉱泉行く間にクマ逃げ込んだから、明日の夜明けに巻くってんで、下江のクマ狩りの連中ね、鉱泉の親父に「鉱泉の前の山の上立ってろ」って言ってね。親父立ってたら四メーターのとこクマがガタッて出はってきてよ。二連であわくって撃ったけど、毛も散んなかったってよ。「来ると思わなかった」って言うんだな。クマなんて大物だから巻き倉でも行かないといないと思っていたんだな。おれらだと出はったら、これまた撃てるって撃つんだけどな。急にクマが来て驚いたのだろう。

名人なんて、「逃げて右側にいた時は、右手上げた時に撃つ」なんて言うけど、おれも四二撃っているけど、ちょっとそれまでいかないなあと思っているけどね。理想からいえば、そう伸ばした時は撃ちやすいけどね。

一〇年ぐらい前、やっぱり何十と撃った人で、七十二歳で去年大きいなはずして、「今年はもう行かないはあ」って言ってたのに、大鳥の朝日屋さんで会ったけどなあ。ずいぶんはずしたことなかったけど、七十二で初めてはずしたってね。大鳥部落の人だった。

大鳥は去年あたりも「許可頭数捕ったからクマ山さんねい（クマ狩りができない）のだと、下山していたっけな」って登山者言うからね。まだ半分ぐらいしか許可の日数つかわない時になあ。だから今でもかなり捕れるのだろう。

――クマ狩りに参加させてもらう時は、五年間初年兵あつかい

終戦直後、おれが指導して大井沢で始めたが、二年ぐらいなかなか捕れなくてね。小国の五左エ門さんとこに行って、「クマずいぶん捕るけどどういう指導してんのだ」って聞いた。あそこは五左エ門さんが旦那って言われてね。山菜採りに行くにも、「旦那、今日おれどこの沢行ってくる」っていうふうにやっているし、年間二〇頭も

捕るから我々がウサギ撃つのと同じ気持ちでやってる。だから、クマ山なんかに登っても誰もはずす人いない、ってね。

それで大鳥でどういう方法でうまく捕るのだって聞いたら、クマ山したいからクマ山さ参加させてくれ、っていう時、ニシンひと束と酒ひと樽持ってお願いすると、五年間は初年兵あつかいで、お前鉄砲持って行くな、お前ご飯炊け、って言われる。炊かんなんねいしよ。あそこまで行ってぼって（追って）こいと言われると、ぼってこらんなんねしよ。見張りしろって言うと、見張りさんなんねい。五年間は絶対で、五年間のうちに慣れてしまって、一丁前やれるようになるのだ。ただ困ったことあるのは、郡の会長とかって偉いの来て、何にもしねいでポッと立前立つの。今の若い衆はそいつさ文句言うってなこと言ってた。

――クマ狩りは指導者の指示に全面的に従わないとだめだ

大鳥は強制的に組織を組んだし、小国は昔からの家柄っていうか、そういうなんで五左エ門さんが手足のように動かしているんだね。その方がクマは捕りやすいね。

おれが組織した時、胆のう炎だと言われて日帰りで検査して帰ってきたら、えらいクマの足跡あるので「明日行くのだ。おれも行くから」って言っても、あの時はバスがなかったたし、まさか月山沢から歩いて帰ってきてヘトヘトになっているので、かか

（女房）が本気にしないで準備しないのだね。朝起きてみたら準備してないので、皆より一時間ぐらい遅れて追いかけて行った。その年なんか、二八だか逃がしちゃってね。二八頭連続でね。「あれがクマの跡だから、一五分あったら巻けるから」って言っても、「あだなカモシカだ」って連中言ってね。カモシカだったら真っ直ぐ足跡つくけど、クマだと人間がカンジキ踏んだみたいにいったん足を外回すの。下りて行って見たら、クマでね。クマだと這って見せる合図をしたら、熊も這い出して逃げてしまってね、そんなことばかりあった。それで、これは言うこと聞かないと捕れないのだなあって連中感じて、その後あたりから、こうしろ、ああしろって言うとその通りして、年間四、五頭ぐらい中村の組で捕れるようになった。

クマの弱点とクマ撃ち

——ナラの穴にツエ入れたら、クマの手が出てきたのよ

神代の昔から猟はやってた。鉄砲なければヤリでやっていた。ヤリでやった時代はヤリやトビロたがって、クマの頭さトビでしめたんだと言うけどね。だいたいがクマが入る穴を覚えて、穴を探したんじゃないかと思うけどね。おれも穴から三回ぐらい捕った。

一回は、完全に穴から捕った。出谷さ行くと五人ぐらいでひと倉巻けるのだ。小さな倉でね。西俣、中俣、ウツボ、平七ってね。人多くてもったいないから一人偵察してくれて、間に合うだけの要員連れていったら一人帰ってきて、「クマいないけどいい穴あって、あいつなら三年以内なら必ず入るべなあ」って言うの。

いい穴ってのは、ナラの木が三本だか立ってて、そこに穴あって、三人寝れるぐらい根がはってて中が空なんだっけ。そいつさ前の年行くべ、行くべって言っていたの。おれ都合悪い、誰都合悪いってとうとう行かないでいたの。それ見に行ったら、クマが穴口さ出てて寝ていたの。穴にいる勘定だから、あそこだとか何とかだとか語りながら行ったので、その声で逃がしたのよ。だから来年の場合だったら二人でも三人でも行ける人いたら行って、そのかわり今日いた人さ皆さ等分に分けることだって約束したんだった。そのしめた時は三人しか行かないんだね。

昼まで何にもなくって、お昼食べたら、そのちょっとわきのマツの木さガッポリかぶりついた跡があって、クマの毛なんつけてて。あまりとかくない（遠くない）とこの穴の中にいるって言うんだね。昼まで五つ六つナラの穴見てきていないから、今日はだめだ、って言っても、連中、かじってたからこの次のいたかしんねい（いたかもしれない）、って行ったら氷で一〇センチぐらいの穴になっていた。

いちおうクマしめだからおれともう一人鉄砲構えて、一人穴口さ行って、「なんだけっけな（こんなけちな）穴、マミ（アナグマ）入ったなこりゃ。糞がこんな小さな木の上にあるんだけな」「クマの毛ついてたなんて、クマ出入りするとこマミなんか冬眠しないから気をつけろよ」って言うと、一人はマミ用にバラ弾詰めたんだね。そして今度、クマ狩りでは必ず持っていくツエを入れて、腕も入れてかまして（回して）いたら、クマの手が出てきたのよ。この入り口まで。「クマだあ」って、ちょっと人なんか跳ね上がられねい高さだけその人上がってよ。でもクマとても外までは出はられないのよ。入り口が小さいし、凍っていて。クマの体温で上の雪が解けて凍ったんだな。

――押さえててぐうっと引っ張って穴口さ持ってきた

クマは穴の中で決して暴れないのだなあ。だから昔の人、穴の中さ入って手足結んだとか、クマの背中さ自分の背中つけてだんだん穴口へ押してきた、っていうの本当みたい気するな。

でもおれはもちろん入られないし、お前入ってぼい出してこいなんて言わんねいなあ。

ほして、かじってそこらまで出はってきたから、「ぼいら（ぶらっと）出はったら撃てはあ」って言ったら、さっきの跳び上がった人、鉄砲上手なのでパーンと撃った。もうおっかなくないので穴口さ行ってみたら、下の氷さ弾当たった跡があるのよ。「当たんないんだよ」って言ったら、「当たった」ってその大将よ。でも棒切れ入れてもぜんぜん反応ないし、もう一人さ二間ぐらいある棒切ってこいって言ったら、何も木のない崖みたい所だけど、たちまち切ってきたけどよ。そして突っついたのよ。でも二間ぐらいあるので突っついても出はんないのよ。「出ねいはあ、死んだのでないかよ」って言うが、弾の跡もあるから死なねいし、血の跡もないし、「そら当たった」て言うしよ。おれ行って、前の年に穴さのぞいてるからよ、穴の形がわかるので、そっちの方やったらキチッと押さかれて（押さえられて）よ、そしてむしろ引っ張られるのよ。だからある程度押さえてて、ぐうっと引っ張ると少し動くのよ。また押さえててぐうっと引っ張って、それ繰り返して穴口さ持ってきて、片手出したの。「撃て！」って撃ったんだね。

そしたら当たった。見たら最初のは、鼻の穴から入ってアゴに貫通してた。空の所ばり通ったんだね。三センチぐらい上がれば急所さ入るんだね。今度は首の骨すっぽり折ったけどね。ところが、今度、おっつけて（押しつけて）いかんねいし、引っ張りもさんねい（できない）のよ。氷だからナタで引いたらいいのだけど、ナタで引くとクマさ傷つくし、三人で引っ張ったけど引っ張らんねいし、困ったねえ。ちょっと待てろって横からロープかけて、木テコかけたら出てきたね。

三月の末だった。まだ冬眠中だけど本当に寝てるのではない。寝てたら届かないとこだったけど、ツエで突っついたら起きてきたからね。

ほしてそこ三本ブナ立っているんだけど、その入った木さ、ツメで皆ガチャガチャにしていたもんだっけな。目印だべね。でもこんな印の木なんてめったに見られないね。

——冬眠中死んだんだと思うけど、クマの共食いしたのだかなあ

その翌年見に行ったら、ほの穴の中でクマ死んだ形跡あるんだね。皮はカラカイ(干物)みたいになってガラガラ皮ばりよ。冬眠中死んだんだと思うけど、不思議なことに頭蓋骨が木の上さ上がっていたんだね。だとクマの頭ってこだい大きいからね。キツネぐらいだと下さは降ろすかもしれないけど、上さはとても上げられないから、クマの共食いしたのだかなあ。

見つけたのはクマ狩りの時四月だけど、死んだのは前の秋も早い時期だべな。やっぱりあそこさ来て、寝てて死んだのをほかのクマが食ったものかな。

クマが死んでいるのめったに見られないし、ネコなんかも死ぬと死体見せないと言うし。苦しくなると穴さ入って寝んのでないかね。腹痛とかなんか死にそうになったら。でも爪とか牙からいうとかなり大きいクマだった。毛皮は使えなくって、牙なんかは持ってきたがね。

——クマのねぐらは木の穴、石の穴、土の穴

クマのねぐらは移動すると思う。赤見堂の陰で本道寺の連中が逃がしたの。おらだ天狗にいて、天狗のすぐ陰通って、かなり大きなやつだから追っていったら、二ツ石の裏側行って、陰からコバラメキに入ってオオバラメキ、高松、そして、大朝日からヌルマタ沢まで逃げた、って朝日町の連中が話してたけどね。それくらい行動する。だと思うと、尾根一つ越して平気でいるやつもいるしね。

雨が降って戻ってくるのじゃなくて、人が行ったんでクマが引き返したとか、撃ったけど逃がして反対方さ行ったたって言っててると、三日、四日するとまたもとに戻ったりする習性あるのだなあ。自分が行こうとした所には、何があっても行くのだね。

冬眠する穴は、同じやつが入るのではないかと思う。捕まって何年かはそのクマが本当にいないのか見てて、別のクマが冬ごもりするのだな。

木の穴、石の穴、土の穴、それから適当なやつだと、風倒木の根の下でも乾燥地だと寝るのだなあ。それから一番はなはだしいのは、尾根に台になるような石があって、その石にマンサクなんか覆いかぶさっているの。ある程度雪が降るとそれがふたになって穴みたいになるの。そこさ入ったの見たな。冬眠しているのだな。そしてその下に一五メーター、二〇メーターぐらいの所に才槌《さいづち》穴って、岩穴で才槌型のいい穴があるのだな。だからそれ見ようと思って行ったら、その前の晩大雨あって水が流れ込んだから、クマ出はってきて、そこの上で昼寝していたのさ。ガヤガヤ行ったもんだから逃がしたけどね。

そこさ冬眠していて、なんかトンネルみたいに二カ所ぐらい掘っていたね。だから、その才槌穴がわからなくてほこさ寝たんだ、って言う人もいたけどね。そしてトンネルは探した跡だってね。

――クマは冬眠していても、穴さ水が入ると穴替えするなあ

クマの穴は空気が通《かよ》っているから、空気穴が木の根や雪で埋まっているやつあるね。それを伝って別の木に空気の穴があるなんてなことなく、その木に穴口がある。経験者だったらわかる、空気が通ってるなあって。雪がザラメになったり、ウロコみたいになったり、普通の硬い雪みたいになることもあるけど、青い氷みたいになったりする。穴の口が完全な氷になっているのがクマの穴の入り口だ。クマの体温で解けて立派な氷になるのだろう。

クマは冬眠していても、二月に大雨さ降って穴さ水が流れ込むと穴替えするなあ。次の穴は知っているのだなあ。

昔、カモシカ狩りで、雪が固まってから行ったらカモシカでない足跡があって、クマの跡で、断崖の真下で雪崩の間に入って行ったたってよ。鉄砲さ撃っても出はってこないので、ロウソクつけて勇敢なのが入って行ったんだな。そしたらお尻かまれたって。岩で台になった安全な所あったたってね、捕って引き出してみたら、馬乗りになって足さ両方つかなかったたって、かなり太ってたんだね。

穴替えの途中だね。エズラから来て西俣横切って中俣に入ってたってね。四キロぐらい移動しているね。「二月の穴替え」なんていって、そいつさぶつかるといいけんどなあって。そんな時に山歩くんだったね。

二、三年前の一月五日ごろ、竜門小屋のとこ、クマが三面から越えてきて、雪庇《せっぴ》跳ねて歩いてイリトウヌシ沢の方さ行ったたってことあった。イリトウヌシ沢で春早く見附の連中が捕ったけどね。一月になっても暖かいと出はっていることあるね。十二月に冬眠するのが普通だけど、そんなこともある。

――連中行ってしまったが、四、五〇万もするクマだから惜しいなあ

穴替えしたあとは春まで穴に入っている。冬眠から覚めて、ウロウロしてたのも撃った。

日帰りで倉二つ巻いて、今日両方ともいなかった、空だ、って来たら、対岸にクマが歩いていて、おれの時計二時間ぐらい空回りしててよ。あんな対岸のクマを捕ってたら時間も遅いし、命がけだからして、三〇分ぐらい下山してね。そしたら他の人が

「まだ早いし行かんねいか」って。「行かんねいはあ三時だもん」って言ったら、「まだ一時だぜ」って言われてもう一度引き返した。

雪の消えた所さ入って、後ろ出はんないのよ。だから一人ば見張りさせて、出はったら連絡しろって。そして四人その周りに立てたのよ、おれそーっと行って真下さ行ったのに出はんないのよ。なんぼ叫んでも出はんないしね。その連中さみんな下に降りてたが、古い足跡もあって「こだなもうクマは出はったみたいだ」ってね。でもおれ行ってみたら出はった跡もある。「ちょっとたしかめて来るからな」って、その足跡ついて行って尾根越えたら、それいったん出はってまた来て入っているんだなあ。だから入った方が新しいのだなあ。来た跡に戻ったのが重なっているのでな。

そして来たら、連中いないのよ。「はあ、こだな狭いとこクマいるもんでない」ってね。二〇メーター四方ぐらいしかない雪消えだからね。それでグルッと回ってみたが、もう出た足跡はない。

連中行ってしまったが、テンだと四、五万だけど、四、五〇万もするクマだから惜しいなあと思っていたんだね。そしたらひとつ土出した跡のある穴あって、てっきりこれだなあと思ったが、斜面が急で鉄砲構えて近づける所でないし、おればり一人残っているのだし、連発銃だから一発撃てば出はってくるのでないか、ってその穴狙ってバーンて撃ったが出はってこないしね。そしたら正幸さんナタだけつけて来たのだね。ほこの穴だからそこから突っつくとクマに押されると悪いから、陰から突っついたら出はるのでないべか、って木削ってたのよ。

そしたら、とんでもない上から出はってね、穴が続いてたのかどうかたしかめずにきたがね。でもそこ藪だが撃たないわけにいかず、バーンって撃ったら向きかえて、頭だけ藪から出はってるのを撃ったら額に入ってね。正幸さんの鼻の頭の近くにまくれてきてね、驚いていたね。でも死ななくて、おれの足下にいたのを次に撃ったが、そいつも当たらんねいでよ。ライフルだったから、下って行くのを走って追いかけて、よく見当つけて撃ってしめた。

そしたら、「野郎べらあだな（あんな）とこクマいるもんでねい。あだなとこにいたクマならいらねいね、って下りて来たんだっけはあ」って言うのよ。こんなとこで捕ったのだから連中いらねいって言うべかって二人で話した。でも連中さっぱりいらねいって言わなかったなあ。

――六〇貫くらいの、ものすごい大きいクマをしめた

クマなんて、クマ狩りやってみると一頭一頭動きやその他いろいろ違うもんだね。大きなやつで、叫んだり鉄砲撃ったりでも動かないで、安全確認してからノシリノシ

リ歩くのもいるし、勢子がホーって言っただけで、パッパッパ逃げて行くのもいるし。そうかと思うと平気でコブシの花なんか食ってて、さなる（ひと声かける）とそっちの方見てるやつなんかもいるし。

大きなやつは四〇貫のもいる。撮影していた時で、おれ先頭で歩いてて、鉄砲背負っているのおさかれて（押さえられて）よ、ちょっと見たら、クマだ、ってわけでね。見たらものすごい大きいから、「あんな大きなクマいるもんでねい、雪間《けま》（雪が消えて土が露出した所）だろうて」言うと、「そうでねい、今動いて来たんだ」とバカなこと言ってるうちに、本当に動き出したんだね。

その時人が少なくてカメラ撮るか、クマしめる（仕留める）かで、「カメラ投げろ」って言ったら、カメラ投げてクマ狩りさ応援してくれたんだな。その捕ったクマを綱つけて、六人で引っ張って、下り斜面で雪崩さひっかかると上げられないくらい重かったね。肉が二五貫ぐらいだった。肉が四割だとすると、六〇貫くらいか、ものすごい大きかった。

初めて参加した人さ、クマの皮をむいた時皮をかぶるな。今でも写真撮るなんていうと、「してけろ」なんて言われてやる。

見附の方ではレンゲ（心臓を四つに切って、レンゲの花が開いたようにする）を山の神さあげるのだって言っていたな。

――クマの習性をよく知っているから撃てる

前の年のことだけど、林道の除雪がすんでいたので連中が奥まで入ったのだけど、おら三人で行ったんだ。そっちはわりと大勢で登って行って、大井沢川の向かいの尾根さ登ったら、「腹減ったからママ食ったらいいべ」なんて言うのだが、「ここだと何もないし、ここから一〇メーターぐらい行くとクマよく通るとこだから、そこさ行って休憩してるから、ママ食ってから来い」って出かけたんだ。けど、やっぱり焼飯《やきめし》（おにぎり）かじりながら連中追いかけて来たんだわな。そして一人に「あそこからここらへんクマ歩くとこなんだ」って言ってたら、実際にクマ来るのだね。ちょうど焼飯かじってたのさ。トランシーバーであっちさ連絡しろっても、向こう歩き始めたばっかりだからトランシーバー入れてないのだね。

なんぼ呼んでも出ないので、出ないんだったらこっちで三人で始末するほかないから、「お前ここにいろ、おれ行くから。そんなに急がなくてもいいからその先まで行け」ってもう一人を行かせた。おれが行ったらうまい具合にクマ来て撃った。向こうに連絡したがまだ聞こえなくって、ぼってる（追ってる）途中にサングラス置いてたが、それ取りに行ってる途中で、「感度ありませんか」って向こうから呼ぶんだね。

「感度良好」って言うと、「今クマ行ったから気つけろ」ってね。「ほのクマ捕りなら今こっちで終った」ってね。あんなことめったにない。

クマは尾根を歩くけど、次の地形によって目的地に向かって歩く。最短距離ってわけではないが。この時は沢の対岸に上流向かって歩いていたんだけど、大きなクマだと対岸からこちらに来る時も、沢渡らないで、なるだけ平に歩いて沢の奥まで行ってトラバースして来る。だからそのまま尾根を越さないで、ぐるっと回ってやってくると判断して、待っていたら案の定来たのでうまく撃った。

——クマ狩りの経験ない人が立前にいくと困るのだなあ

クマの来そうな所で待たないとだめだ。だから西村山郡の会長と事務局しているのと両方とも鉄砲撃ちでクレーなんか名人だけど、それが来て、ええあんばいにクマが出て、二人ば立っている方へぼって行ったんだね。

そしたら、こっちクマいた合図して、前方は前方でクマ登る合図してたんだね。その二人そっちばり見ているのだ。その叫んでいる所にはクマいないんだね。叫ぶほど自分の身近な所にクマいるって、慣れた人なら判断するんだね。野郎共何しているかなって、そっちのはこっち見る、こっちのはそっち見るで、その間さクマ通って行ったの二人ともぜんぜん知らないのだね。「アーア」って聞こえたら、自分たちのそばさクマ来てたんだなあって判断しないとね。斜面急だから真下は見えないからね。困るのだなあ、こういう人が。大鳥部落でも、そういうお客さんが一番困るって言っていた。若い連中は、おらだ五年も鉄砲背負わないでぼって歩くのに、今日ばかり来ただけで立前なんてとんでもない、とぼやくしね。

――クマは急流を一気に渡ることがある

普通は平らなとこ歩くのだが、人に追われると、人間なんか手も足も出ないような急流を一気に渡ることがある。川も一メーターや二メーターできかないぐらい深くて速い川を渡る。沢底の石さたずい（摑んで）て向かいさ渡るのかと思うけど、川幅も二〇メーターぐらいでわりと狭い所だけどね。ある程度一気に跳んで上る。それにしたってあの急流に入れば、二、三秒で相当流されるはずだけど、足跡なんか見れば、対岸から一直線に川を渡っているのだね。いくら体が重くても、あの春の雪解け水だからね。

――撃って効果があるのは眉間と三枚目だね

クマも背骨のどこかやればだいたい死ぬけど、腹なんか貫通して腹わた傷口から出てきて、それ邪魔になって、ちぎって逃げてもちょっと追いつけないね。三〇分や四〇分走れば、我々日して（一日）か日して以上かかるからね。とても追いつけないのだね。

でも腹を切っているから何日かして死ぬね。逃げてる間は必死だから死なない。命中して逃がしたのを他の連中に二つぐらい拾われたみたいだ。何日もすると痛くて動かれないのだな。そして人の声などすると隠れてね、そいつを捕えるのだね。

眉間に当たっても、ライフルだと死ぬのだけど、鉛弾だと二つ撃っても脳震盪だけだった。弾は皮を破って、頭蓋骨に当たってベッタリと広がってたね。

その時は、三メーターぐらいで撃つ場所が悪くって、頭しか見えないで撃ったら、二メーターぐらい跳ね上ってダーッとまくれて（ころがりおちて）行ったから、大丈夫だなあと思っていたらね、行ってみたらいないのよ。まくれてからクマは歩き出したが、ブナの木さまともにぶっかって、また細い木さ突き当たって、そしてとうとう雪消えた中さ入って見えなくなった。

二人でそこ五〇メーター間隔で横切ったがいなくって、みんな来てからも探さなくって休憩していたら、どこにいたのか逃げて行くの。後ろから背骨撃って捕ったけどね。

撃って効果があるのは眉間とか三枚目だね。三枚目とは肋骨の三本目だね。月の輪を撃ったらいいと言うが、なかなか見えないね。立ち上がるなんてことないからね、立ち上がるって時はこっちさ気がついて立ち上がるのだから、ちょっとそんなことないね。

――射撃の腕は連隊で三番だった

おれは四二頭撃ったけど、大井沢では三三頭が最高だろう。でもおれは前方だからあまり撃つとこではないがね。

このへんでも多い人で一二、三頭だね。めったに立前やっても撃つ機会ないし、だからと言って鳴り込みしていても撃つ機会でてくることもあるからね。前方にくることもある。

一回ね、倉にクマが遊んでいてね、ブナグルミ（ブナの実）食っているの見ていて、上から勢子が入っているのだけど、勢子入っても声かけたらどんどんどん下手に逃げるので、とにかく連中呼ぶんだったら、声かけないとだめだし、どうせ声かけるのも鉄砲撃つのも同じだと思った。

射撃は連隊で三番目だった。三〇〇メーター離れて五発撃てば、一〇センチの黒星に三発ぐらい入るのだし、ちょうどそれぐらいの距離だし、今でも当たるはずだと思って、撃ったら当たったね。軍隊で射撃が一番の人は猟師でもなく、動作なんか緩慢だったが、中隊でも連隊でも大隊でも五発とも当たった。何か才能があるのだろう。

勢子がかなり遠くにいた時に撃ったので、勢子に「そこの下眺めろ」って言ったら、勢子もクマを見つけてあわててバーンって撃ってた。でも当たらなかったみたいで、おれが行ったら、「この前手負いで逃がしたのいたのか」って言ってた。

まだ火縄銃のころ、赤見堂の馬場平で追ったクマが一丈二寸とかで皮にしてあったって言うけどなあ。それが一発ぶったけど致命傷にならず、ブナの木の根元にあいた雪の穴の中で、グルグル回って逃げているの、追いかけた。でも大きいので走るのゆっくりだから、走りながら黒火薬をつけて、弾詰めて、ふたして、火縄持っていってパチリだからね。そんなして撃ったのが、一丈二寸あったって聞いた。八尺でも大きいと言うのだからね。

——手足伸ばしてパタパタいくのだったら弾は当たってる

鉄砲の弾が当たったか当たらないかはわかる。クマ狩りしていて、撃った瞬間コロコロと転げたのはかすっているの。人がハチさ刺されると手がいくのと同じで、弾が当たると、手足一緒に当たったところさいくのだなあ。だから丸くなってコロコロいくのはロクなとこに当たってない。手足伸ばしてパタパタいくのだったら大丈夫。コロコロっていくのだったら致命的なとこさは当たってない。

だいたい当たってるのはわかる。勘ていうか、一回だけ絶対当たったなと思うのに当たらなくて、藪を越えるとこで二発目を撃ったら、木陰に見えなくなって、そしたら向こうにいた人がバガーンって撃ってね。だから当たらなかったのかなあって思ったら、やっぱり貫通していて。でもたいがい撃つとグーっとすくんだり、何か転げたりするもんだけど、そのクマはぜんぜん態度を変えなくてね。方向転換してダーっと行ったから当たらないと思っていたが、やっぱり当たっていた。クマも強かったんだが、心臓とか背骨当たらなかったからだね。

――逃げてる途中だと、心臓に当たっても一五メーターぐらい走る

ライフルだと弾が大きいから、腹の中に止まることが多いが、鉛弾だと貫通して、入ったとこは見えないほどだが弾が出はった所は大きくなる。

このへんでは撃ったクマにかかられたことはない。知っているから木で突っついたりする。クマ撃ちには必ずツエ持っているからそれで突っつく。

クマがこちらに気がついていない時だと、撃たれるとピタッとつぶれるけど、逃げている途中だと心臓ぶっても、一五メーターぐらい走り続けるなあ。

見附の連中が、高松の岩魚止の滝つぼにクマを落として、滝つぼには危険で入られないし、クマは滝つぼのすみに隠れてしまったことがあった。しかたないので散弾を撃って目つぶれたからもう大丈夫ってんで、周りから木伐ってきて柵こしらえて流れないようにして、その日は帰った。次の日もう死んで浮かんでいるだろうと行ってみると、その柵の木を登って逃げてしまったのだ。

大型動物が増え続ける

――今だに語り継がれる吉、金七、二の倉隠居の話

ここらへんにクマ撃ちの話で、「吉、金七、二の倉隠居」って話がある。今は四月二十四、五日のクマ狩りの最盛期から許可取ってするけど、昔は土用十日前って言ったんだね。でもやってみると土用になんねいとたいがいクマが出て来ないのだね。だから土用十日前っていうと、冬眠している穴探しやったんだね。

それで日暮沢にクマ狩りの小屋かけて、穴見だから三人ぐらいずつ分かれたんだね。その時、吉さんと金七さんと二の倉隠居って呼ばれた三人が組になって、金七さんが木に登って見たら、木の穴にクマが入ったんだね。とりあえず火縄銃だから、お尻でクマの穴ふさいで火縄銃の弾込め、火縄を出すのを待っていて、いいって言うので金

七さんが尻をどけたらクマが出はった。ところがあまり上を見ていたもんで、はいていた野袴のヒモと火縄を間違えて着火できず捕れなかった。

昔は財産をかけてクマ狩りする時代だったので、逃がしたなんて言うと相手の連中から悪口言われるので、「三人とも黙ってるべ」ってなったんだ。けど、酒飲むと口よけいな吉さんがしゃべるかと思って、「吉しゃべるなよ」って言うかわりに、「吉」って言うと、吉さんも、「金七」「二の倉隠居」って言い合っていた。

でも飲むとちょいちょいそれが出るもんで他の人からおかしいって感づかれて、とうとう穴から逃がしたって白状したって話だ。


――おらだも吉、金七、二の倉隠居と同じことがあった

ところがおらだも、平七で同じことがあった。その年は雪の多い年でクマ狩りの季節になったけど、ぜんぜん足跡もなくって、平七巻いてウツボに来る途中、「クマの入る穴ある」って。おっかない急な斜面だからおれは出ていかなかった。他の二人が出て行って、ボルトで切りあけたみたいな穴があって、それ雪が入ってた。こだな空《そら》吹き穴だ、てんでツエでたたいて、引き返した途端にクマが出て来たんだね。それで逃がしてしまった。

それで、こだな穴さ入ってたの逃がしたって言うと、他のグループから笑われるか

ら黙ってようって同じようなことやってね。

そのあと、おれ、家では逃がしたなんて話さないのに、鉄砲下手だけど好きな近所の年寄りが「くやしかったな」って始まってね。「何て」と言ったら「穴グマ逃がしたなんてくやしかったなあ」と言われて。だから吉、金七、二の倉隠居の気持そっくりわかるなあなんて。そのころは楽しみと生活を兼ねてだったけど、昔はそれで生活していたのだからさらにだろう。

――一日で三頭捕ったことがある

中村の組では五頭が最高かな。一回で三頭捕ったのが最高だな。最初は桧原のすぐそばで捕ったんだね。あとで二頭捕った。

その年は、NHKとか、YBCの取材で巻いて倉の中にクマ入ったの、撮影でモタモタして何回も逃がしたりしてた。五月には「クマ肉食う会」の予定もあるし、四月いっぱいして一頭も捕れないし、カメラマン遠慮してけろ、って五月一日に行った。

登る時に捕って、戻ってもくやしくないぐらい大きいのだけど、月山沢の連中が石見堂から登って赤見堂で出会って、陰の倉一緒に巻くことになっていたので、向こうで待たせると悪いので、ここクマを雪さ埋めてまた捕った。向こうの連中一人しかいなかったんだけど一緒に一つ捕って、おらだだけで反対側巻いてもう一つ、全部で三つ捕った。

――一人でマガモ三羽、クマ一頭捕ったことがある

カモ撃ちに行って、ここの博物館だいぶ整備したけどマガモの標本ないから、根子川、竜門あたり行ったら捕れるんじゃないかって。マガモ三羽撃って、雌も雄もいたし帰ってもいいけど、川の大きな岩登って水神淵《すいじんぶち》さまで行ったらいいのか、引き返したらいいかと考えてたら、その上流さクマがいた。散弾詰めてたの鉛弾にワラワラ詰め替えているうちに、川横切って対岸さ上って藪に入るの撃ったんだね、心臓入ってね。

あまり大きくなくって一四貫目ぐらいかな。若かったのでなんとか背負えた。最初、川に流してみようかと思ったが、深い所沈んで出てこなかったら損するしと思ってよ。でもそこらへんまではゼンマイ採りのナタ目だけはあったのでなんとか歩けた。

十一月の二十四日だったかな。その時のやつ一〇センチぐらいが全部脂肪だった、これで冬越しするのかなと思った。春だと一〇貫目ぐらいの重さだな。

――シャー場って地名はアイヌ語からきてる

その昔は、やっぱり「落とし」やったみたいだね。木の柱立てて、枝の分かれてる又木に棒渡して板を敷いてその上に三〇〇貫ぐらいの重りして吊り上げてできる。結局吊り上げてから重り上げるのだけどね。それにフジなんかでワッカこしらえ、その棒を横木して、それに下がった細い棒で押さえて、そこからひもつけて、ひもに棒切れつけて、上は動かないけど下はエサつけたやつ置いて、エサが動くと棒がはずれて重しが落ちる。

昔はヤマドリでも同じようにやったけどね。なるだけいい通り道に仕掛けるのだね。シャー場って地名があるんだね。「落とし」のこと「シャー」って言うんだ。シャーかけるってね。大井沢にはアイヌ語がかなり残っているけどね。「ボッポ」とか「チャペ」とか。「ボッポ」はモチ、「チャペ」はネコ、アイヌ語とばっちり合ってるのだね。昔はアイヌが住んでいたんだね。クマ撃ちの人たちだけでなく普通の人に残ってる。エズラ、トウノスなんて地名にも残ってる。

――初めて巻き狩りに参加した人がクマを撃った

博物館の案内していた人が、博物館にいながらクマ狩りの経験がないのでわかんないって言うので、クマ狩りへ一緒に連れてったんだべな。その時人が足りなくて、ここにクマが一番登るのだぞ、って立たせた。おれは勢子に行って、親グマはしとめたけど離れた子グマが目の前に行ったので、「撃て、撃て」ってのにその人撃たないで、おれがぼって雪崩の中にくぐりこんでしめはぐれてね。その人「バカだ、撃てばいい

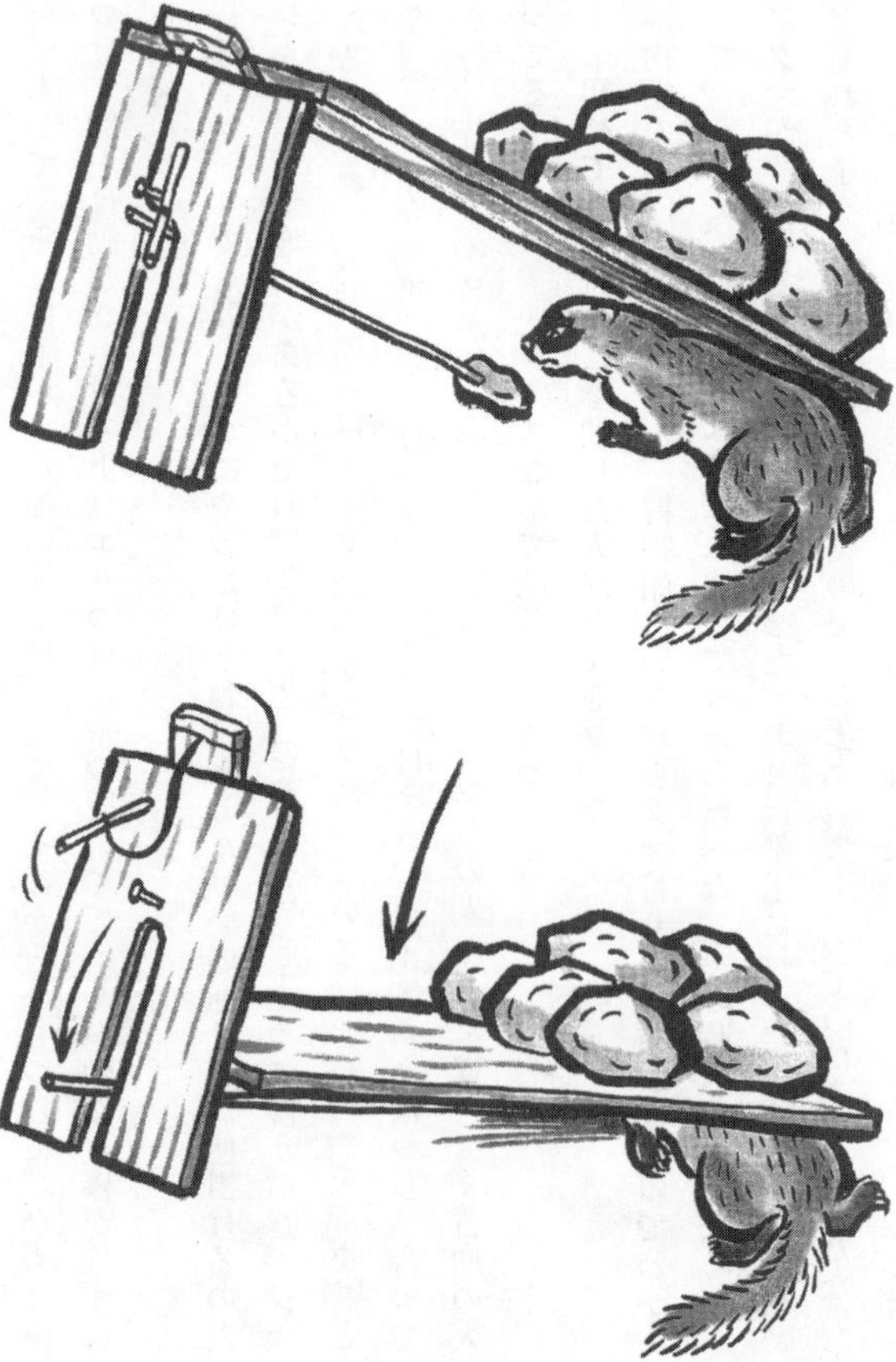

のに」って皆に言われてね。

次の日、クマ見つけて、どうしてもここ必要だけど、他のとこも重要だしって、その人そこさ立てて、「昔の人はヤリで突いたの。連発銃で撃てないことない、よく見当つけて撃て」、なんてやったら、そこで落ち着いてクマ撃ち捕った。

翌日、団体の参観者いるので博物館に帰らんなんねいって、その人朝早く帰った。そして「僕クマ撃った」って言っても大井沢で誰も信用しなかったたって。やっぱり、一〇年ぐらいやっててもクマ撃てるものでないって、むずかしく感じているんだね。別にこの人が度胸があったのではなく、「昔の人は……」なんて言われたから、近づくまで待てたのだね。それに場所もよかったしね。

そして「いや大井沢さ生まれるとよかったなあ」と言ってた。

博物館に銃があったので免許取っててね。猟友会の巻き狩りに参加して、いいとこに立たせてもらって、ウサギ二、三匹しめた（仕留めた）人が、クマ撃ったんだからね。うれしかったんだろう。


——本格的なクマ狩りがなくなったから最近は増え続けてる

最近は大型動物が増えている。クマ、カモシカは保護しているから当然だけど、キツネ、タヌキ、アナグマは若干減っていて、テンなどは変化がないけど、平野部の方にはものすごく繁殖している。

クマは増えている。クマなんかは二〇日間ぐらい足跡も見ないことがあった。昭和五、六年ごろだな、四月末から五月ごろで、今は行かないけど出谷や以東の東斜面のウツボ、平七、西俣、中俣まで行ってもクマはいなかった。今なんかあそこらへんまで行ったらちょっと想像つかないぐらいいるね。

支那事変後増え出し、第二次世界大戦中はぜんぜんクマ狩りやっていない。終戦直後までは、出谷なんかにキノコ採りに行ってもクマが心配だなんてことはぜんぜんなかった。クマにバッタリ会うのでないか、なんて考える必要はなかった。三十五年ごろから増えたのだね。本格的なクマ狩りがなくなったからだろう。昔は大井沢には道路もなく峠を越えてだったから、冬の間はワラジ作ったりミノやタキギ作ったりで、春は田植えまで本業はなかった。副業としてクマ狩りや猟を真剣にしたのだろう。

国立公園になったころは、三面では年間一〇頭以上で多いと四〇頭って言ってたのに、最近は二、三頭らしい。あそこでは猟で生活していたものだから、ワナ、落としだね。三〇〇貫ぐらいの重りでクマ捕ったのだけど。今は法的にも禁止されているし、四〇頭ものクマを捕らなくなったのだから、朝日でクマの増える原因の一つだと思う。

昭和五十一年、ブナもブドウもぜんぜん実がならなかった。その時は左沢や一ッ沢にクマ出たけどね。果樹園にもたくさん出た。こんな年だとエサがなくて越冬できずに死んだのじゃないかと心配していたら、翌年にゼンマイ採りなんかで山に行くと、雪崩の心配のない所で、クマが行き倒れになってたりしてね。でも昔みたいに絶滅に瀕したりはしないで、二、三年は若干減ったけど、また増えてきている。

――お金を出してクマの駆除やらなければならない時が来るのじゃないか

最近の若い連中は、一日目はクマ狩りに張り切って行くけど、二日目は体力的に続かないのだなあ。足が痛いとか、歩けそうもないとか。だから今やっている人がやらなくなれば、お金でも出してクマの駆除やらなければならない段階来るのじゃないかと心配だね。朝日連峰をとりまいて、荒川、五味沢、徳網、大鳥、八久和、三面、田麦俣、月山沢、大井沢などどこも副業的にやっているとこはなくて、今日休みだとか言って、レジャーでしかやらない。とくに町村単位で駆除するので、八久和の上流なんか誰も入らない所でクマ増えるのだろう。

ヤマドリとかウサギみたいに、家から一キロ、二キロで撃てるものは撃つ人が増加していて、動物や鳥は減っているね。でもクマ狩りなんかは、重労働中の重労働だからだめだ。

――道具が良くなってもあわ食ってるからだめだ

最近道具が良くなったので逃がすことは少なくなった。ライフルとトランシーバーがなければむずかしいので頭数制限して許可出さなくても、大丈夫ぐらいだと思うね。ライフルで二〇〇メーターも離れて撃つのと村田銃で一〇メーター、二〇メーター近くで撃つのでは気分的に違うのだなあ。一〇メーター以内近くに入ったら、腰につけて撃ったってだいたい当たる。あんな大きなやつだから。それが二連銃なり三発の連続でダガダガ撃ってもぜんぜん毛も切れないのいるんだからね。それだけ撃つ方があわ食っているということだね。

戦前は村田の単発だった。しかも命中率がいいっていうの。今はほとんどが一二番っていう口径で、弾もおれのなくなった、ってな具合でほかの人の弾も合う鉄砲持っている。昔の鉄砲は一丁一丁径が違って、八番とか一番とか禁止になったけど、あまりに弾が飛びすぎて危ないからだね。一番というと、ガンが列を作って空行くの、地上から撃ったりするのに使ったのだね。だけどライフルはもっと飛ぶから、一〇年経験ないと許可が下りない。

一二、二〇、二四、二八、三〇番ってあったのだけど、とくに二八番、三〇番ってのが細い口径で命中率がいいというので使ったが、実際は弾の大きいやつが致命傷になった。一番が口径いちばん大きかったけど、一番、八番て鉄砲見たことない。普通は一二番だった。あまり距離が遠くまで飛ぶと、藪に人が入っていたりして危ないので禁止になった。

――今は慎重にしないでバンバンバンバン撃つからね

昔は大井沢の全員が鉄砲持っていた。鉄砲の値は高かったろうが、ほかに副業とか出稼ぎとかないので皆やったんだろうね。今だと八百屋さんとか魚屋さんが毎日来るけど、昔は秋に塩マスとかニシンとか買ってて、冬の間の食料はそれだけだったから、山ウサギの肉なんか重要なタンパク源だったんだろうね。

中村は宿坊で、昔は精進料理だったので、クマ狩りをやらない人わりと多いけど、桧原とか根子なんかでは、クマ狩りなんてなると全員出動した。

クマ狩りなんかは平等だけど、テンとかなるとえらい違いだ。弾だけ撃ってむしろ赤字の人と、名人の人と差が出た。

弾は高かったわけでもないけど、経済的に考えて、おれは、一発三分でしめたとか、一発半かかったとか二発かかったとか、その日一〇発撃って五頭しかしめられないと、二発平均になるからね。そんなので自慢しておったね。

おれはウサギは三六匹ぐらいはずさないで撃ったことあるね。今なんか見えさえすると、バンバンバンバンやっているけどね、弾が安いからかな。今は二五発で二〇〇

○円かな。昔だったら、ああ今撃ったなあ、誰それだから一発三分ぐらいで、今日何匹しめたなあって、数えてて当てられるくらいだった。誰それなら三発ぐらいだから、あいつは音ばかりだあってね。今はぜんぜんあてにならない。二○発ぐらい撃っても、ああ二匹しめたばりだてね。今は遊びだからね。

だからクマ撃ち行っても、ああおれの弾なくなった誰か来て撃ってくれ、て始まるのだね。距離遠いのから撃ったり、慎重にしないでバンバンバンバン撃つからね。

――おれなんか五発で六、七匹しめた

おれなんかとくに小さな鉄砲をたがっていたので、木の枝四○センチぐらいに切って五、六本背負っていて、ウサギ寝ていると回って陰から投げるとウサギが穴に入ってしまうからね、だから撃つのにいい所まで行って、出て来るの待ってて撃つのだけど。出て来ないのいると掘ってたたいてしめるから、今日五発で六匹しめたの七匹しめたのってなるけどね。

今は一発一○○円も百何十円もする高い弾使ったりしているけど、もうけは弾代にもならない。

昔は皮が金になって、肉が弾代になるといいけんどなあって、やっていたのだけど。今は皮はただで張っておけば一○○円ぐらいするけどボウボウので誰もそんな手間かける人いない。サクランボの授粉に使うのでほしいという人もいるとは聞くがね。

——頭数制限によってクマがどんどん繁殖する

おれだの組で捕ったクマは二〇〇頭どころではない。昭和五十一年から頭数制限になったが、それまではかなり多い頭数捕ってもかまわなかった。今は大井沢で四頭、何年か前の年なんかものすごくいたの、天気もよかったけど四頭捕ったので出はられなくなった。

頭数制限になったのは、大雪あった昭和四十九年から五十年にかけてだけど、ここらへんは四メーター二〇ぐらい雪降った。雪が多いためにクマ捕りやすかったんだね。山形県で一八三頭なんて、他の県からみれば捕り過ぎるって批難うけて、五十一年の春には飯豊《いいで》で一頭、朝日で一頭なんて許可出したんだね。そんなんではとても二、三年すればキノコ採りも山菜採りも行けないぐらい繁殖してしまうから、って県の関係課長と話し合いで過去五年間の平均頭数ぐらい捕らせてくれ、って六頭ぐらい許可になったんだけどね。文化庁の方で一班一頭ってなったんだね。山形市みたいにクマもいねい所も五、六人で一班だからね一頭だね。大井沢みたいにクマの真っただ中にいても一頭ではうまくないって言ってるんだけどね。

大雪の年だと倉以外に雪消えてないから、ほかでエサ取れないクマが集中して捕りやすくなったのだ。倉で巻き狩りするのも同じ理由だ。とくに雪が多いと、藪が邪魔になって撃てないということもぜんぜんなかったのだ。雪が多くて表層雪崩の多い年は、沢がみんなふさがって自由に走り回れるからね。

——クマは東北の方さばり集中しているのだて

五十三年に、何も調べずに許可したってわからないからと調査したのだね。小国とか大井沢とかでね。それで寒河江川上流で八頭ぐらいになったんだね。そして、五年後っていうことで次に調べたら、二、三頭しか見かけないいんだね。だから減っているって判断だったけど、その後の山菜採りの時はものすごい足跡で、危なくて歩かれねいのだね。

その前の年は一月になってもクマが足跡つけていたのだね。だからクマは冬眠してから百何日って冬眠期間が決まっているのかなと思っているのだ。ただ暖かかったから早く出はるとか、雪が消えたから早く出はるではなくて、穴に入った時から百何日間って冬眠期があるとすると、普通十一月の末からで、遅いやつだと十二月の冬至ころまで行動しているのもいる。また一月ごろまで行動しているのだから穴から出る時期に差がでるので、二週間ぐらいのクマ撃ちの許可期間をはずれて穴から出るという可能性もある。

尾花沢も、大網もこの年はぜんぜんいなかった。その前に木の実のぜんぜんならない年で、家のそばのリンゴとかモモとか食べに来てね、秋に多く捕れた影響もあるかもしれない。

大江じゃ、その何年か前には許可下りた日に二頭捕って、でも跡があるのでさらに許可願い出したが、許可されず、地元事務所の係を現場に呼んで足跡見せたが、そんでも許可出さなかった。田の沢あたりに出はったの緊急で警察連絡して、捕って三頭になった。

おら方も四、五日前に捕り終わっていた。決してクマの数が減っているのではない。でも工藤さんの話だと、他の県では山がだんだん開発されてクマの棲む所がなくなったので減っていて、東北の方さばり集中しているのだって言っていたなあ。

――ワカメ、ウゴ、そしてクマになる

クマは一年越しに二頭ずつ子を生むって言ったの。たまには年子がいて親子五頭一緒に歩いてたとか。連れて歩かなくなるのをこっちではウゴバナレ、小国ではヤライダシって言うけど、ヤライってのは二年目の子っていう意味だろう。本当は一年半連れて歩くのだが、年子を持ったために子を離すのだなあ。それをウゴバナレと言うのだが、離された子は一人でエサ充分とれないので冬の中まで歩き回っていたり、炭焼き小屋に来たりする。

一年目の子はここではワカメ、二年目の子はウゴ、三年目は独立するので名前はないがクマはクマとこのへんでも呼ぶ。

クマの習性と好物

――クマの足跡は、人間がカンジキで踏んだみたいになる

クマの手と足の跡は見てるだけでは区別がつかない。手の跡に足をそっくりのせるから、捕まえて見ると手の方が若干大きくて、足よりもガッチリしている。ウサギなんかは足の方がずっと大きいし、人間だって足が大きい。

足の向きは、若干内向きになる。遠くからカモシカの跡とクマの跡を見分けるには、カモシカは真っ直ぐつけるし、クマは一度外に回して、人間がカンジキで踏んだみたいになる。驚いて跳ねる時は、四足一緒になり、ウサギのように前二つそろわないけど、前すこしずれて後ろは二つになる。キツネでもイタチでもクマでも、跳ねた時はY字型に三角形になる。

クマは足が大きいと体も大きい。昔、皮を張った時の大きさだけど、足が五寸あれば五尺、六寸あれば六尺って言った。足の大きさが細みで五寸より、丸くて五寸の方が体はだいぶ大きい。

サルの足跡とクマの足跡は似ている。このへんではサルはめったに出てこない。サルの足跡見て、クマ出たからクマ捕りに行くべって、誘われて行ってみたらサルの足跡だった。大きくて似ているからね。ちょうど手の平みたいに足跡つけて、親指が真向こう九〇度開いている。クマはそう開かないし、爪の跡がはっきりしている。

――クマは上りも下りも一直線に歩く

カモシカだと目的地に行くにも、エサなんかあれば途中で寄るけど、クマはこの倉からこの倉に行こうとすると、ほとんど直線に歩いているんだね。

キツネなんかも真っ直ぐだけど、においをとったりすると寄り道するからね。クマには人間以外に強い動物はいないけど、やっぱり倉の雪のない所から雪渓に上がる時は、自然に歩いているやつも、白い所に黒い体が出るのが恐ろしいみたいで、相当に警戒してね。すぐにポコポコなんて上がってこないんだね。かなり警戒してから、なるだけ早くスタスタ雪の上を横断して行く習性あるね。

だからクマは倉を登ってくるのは藪づたいでね、雪の上などめったに登ってこない。

だから慣れた人なら、ここ来るなあって想像つく。

　クマを撃つ場所に立ってから邪魔な木を伐るわけにいかないし、なんとしても困るなあと思っていたら、木を踏みつけて来るもんなあ。だから結構撃てるものだったっけ。前の見えにくい木を倒しながら登ってくるのだから。下りなんかだと、柴をかかえてダァーッと乗るみたいな格好で滑って行くみたいだね。

　よく「クマに見つかったら下の方に逃げろ。クマは登りは速いが下りは遅い」とかいうけど、そんなことはない。ただ大きいやつだと、バカバカって走り方しないのだなあ。だから足場のいい所だったら一〇〇メーター、二〇〇メーターは逃げきれるなあ。藪とかなんかだと、あっちは商売だから、とてもね。

　五尺とか六尺くらいの小さいのだったら、犬みたいにパッパ、パッパ跳ねる。大きいやつほど、ボッコリ、ボッコリで遅いのだなあ。ウサギの方がとてもとても速い。だから、ウサギは白いし、小さいし、速い。クマは黒いし、大きいし、遅い。だからクマの方が撃ちやすい。クマの手でウサギの体ぐらいあるのだから度胸さえあればクマの方が簡単だ。


――クマがカモシカを襲って、血だらけにして食べていた

　クマはカモシカの肉を食べる。雪崩で落ちていたカモシカをクマが傾斜の上の方さ引き上げていたとかね。今クマを捕ると、背丈とか重量、身長、手足の大きさから内臓見て何食べていたかまで報告しなければならない。で解体してみると、クマ狩りの時期だと五頭捕れば三頭までカモシカ食べている。毛とか、はなはだしいのはひづめまで胃の中に残っている。

直接襲ったのを見てはいないが、雪崩で死んだのを食ってるのは何回か見た。キツネとかタヌキも来てカモシカの死体は食うらしいけどね。カモシカは雪崩でたくさん死ぬ。カモシカは特別天然記念物だから、死体を見つけて届け出があっても山奥で大変で行かんねいので、行ってくれはあって警察が来る。だからたくさんカモシカの死体を見る。

最近の話だけど、クマ狩りの経験ある人が、ミズ採りに行ったら、クマがカモシカを襲って、血だらけにしていたって。通り越して上流に行ったんだけど、考えているうちに自分もやられるんじゃないかって逃げ出したら、足に石ぶつけて、骨接《ほねつ》ぎに行ったんだって。

それで博物館の先生と鳥獣保護課の人に話したら「ぜひそこへ連れてけろ」って三人で来てくれたんだね。細い沢に、立木があるの。地滑りで沢止まったの、ちょうどクマ一頭隠れるボサ（小さな藪）があってね。その下がカモシカの通り道で。ボサで待ってて、下に通りかかったの襲って、上に八畳間ぐらいの草付きある所を、クマがカモシカを引いて横切ったらしい。その上急な斜面だけど、そこも扇型に二列に草倒れていた。

だから下で襲って、食べるために平地に移動したのだろう。もう残っていたのは三分の一ぐらいで、証拠にビニール袋とかゴム手袋とか準備していったけど、もう一〇センチぐらいの骨が二片あっただけだ。最初見た人は、三分の一ぐらい食べて、三分の二ぐらい残っているって言ってたから、その後も来て食べて行ったのだろう。

それ写真撮って、環境庁の報告になったのだけど、信州大学のクマで博士号とった人ね、本当に捕って食べたかって、わざわざ訪ねて来てくれてね。珍しいのだろう。

——今まで捕れたクマでは二十四歳が最高年齢

でもクマの死んだのめったに見たことない。一度、あまり大きくないので、骨格標本にして博物館にと木さ引き上げてくっておいて、八月ごろ回収したけどね。めったに見ないものだ。

だから五〇年ぐらい生きるものかと思っていたら、今まで捕れたやつは二十四歳が最高だってね。オリの中で三〇年生きたやつがおるってね。必ずしも年をとっているから大きいというのでなく、大きくなるのと小さくてもそれで終わりになるのがいるんだね。

年齢は、今のところ文化庁で歯を切断して、年輪みたいにプラス一がそのクマの年齢、ってしているけど素人では何歳ってきっぱりとはわからない。

だいたいだけど動物の年齢もわかる。年とると鼻先あたりの毛の生えてない所なんかがボサボサになってきて、ツメも真っ白でブラシみたいになったり、クマは真っ黒でも耳あたりに白髪《しらが》なんか出てくるなあ。去年捕ったのは白髪のがあったので標本にしてもらっている。頭とか手足に四分の一ぐらい白髪が生えているのだ。遠くから見て白く見えるほどではないが、年いっているのではなく、白いサルがいるのと同じじゃないか。目は黒かったけど。

テンとかほかの動物では毛皮が薄いのが若いようだ。テンの今年の子なんかは、毛皮触ってみると、かなり薄い感じがする。二年か三年かはわからないけど今年の子はわかる。

タヌキも尾が細いのが今年の子だ。イタチなんかはほとんどが今年の子だ、一二匹も子供生むからな。でも動物は一年で一気に大きくなって後はあまり大きくならない。クマだけだね、四〇貫、五〇貫って大きくなるのは。

——雄グマと雌グマが一緒に歩いてるのは見たことない

雌の大部分は子グマを連れている。ごく古くなると一頭でいるし、子持たないし、親から離れて三年ぐらいも子を持たない。

クマは雄がだんぜん大きい。雌はいくら大きくても六尺三寸で、皮にしてもこれで最大。雄の方は九尺になるけどね。

雄、雌が一緒に歩いているということはない。見たことはない。雌のいる所に雄が近づいてくることはある。交尾期でなくてもある。雌グマを捕ると、そこに次々と雄が来るからね。だから夫婦の可能性は充分ある。でも一頭だけでないので、夫婦関係は決まっていないのかもしれない。

親から離れた子供は、その付近の倉にいる。次の子が生まれてもあんまり離れずにいることが多い。一緒にいて五頭が歩いているということではなく、何キロか離れて近くにいることが多い。だからクマは一年おきに二頭ずつ子供を生むが、母子三頭でいるのが普通で、年子の五頭一緒とかいうことはめったにない。

クマは季節によって移動する。大井沢峠のそばはタケノコが出るのだが、六月ごろにクマがここの農協の横通って、水がまだ多い寒河江川を平気で渡って、大井沢峠の方に行った。

――クマの大好物はハチミツだ。巣を採りにいったらクマにかじられていた

クマの好物はモモ、リンゴ、ブドウ、スイカ。それからハチミツは好物中の好物だね。ハチミツは山にある自然のハチ見つけてきて、十月ごろが水分が蒸発していて一番ミツがいい。それを保管するために上をふさいでしまう。そのころのミツは量も多いし、真夏だと巣を採った時は流れて、素晴らしくあるなあと思うけど、卵が入っているケースが多いのでわりと量は採れない。

テンもハチミツ好むので、テンなんか入れない小さな穴のある木を選んで巣をつくる。ナラでもブナでもイタヤ（イタヤカエデ）でも木の種類は何でもよい。何十回も採ったことある。ハチの動きでどこに巣があるかわかる。今も三、四カ所覚えている。

採らないと何年でも同じ所に巣をつくる。クマがやっぱりかじっても、イタヤなんか硬い木でかじれなくていたり、採ろうと思って秋行くと、クマが先にかじって採ってたりでね。一回なんか穴が丈夫でクマにもやられないと思ってたら、下の根の所が空で、中の芯抜いていって食われたりした。クマが食った跡は何回も見ているし、まだ残っているのも何カ所もある。大井沢峠の方や見附の墓地の奥にクマが頑張っても採れない木がある。

おれが採る時は、ノコギリで引いてオノで割って、手を入れて採る。ハチにやられないのには最初に煙をやるか、こわごわとトントンなんてやってると襲ってくるけど、思い切ってボンボンって切り始めると巣に集中して向かってこない。気温が寒いと刺すことがあるが、暖かいとほとんど来ない。でも軍手かけて、上にミカンかなんかの袋かぶってすれば大丈夫だね。ハチミツは多いやつだとミツだけで六升ぐらいあるね。子グマは食べないな。巣は一度荒されるともう来ないね。

――クマは八十八夜に冬眠から覚める

ごく大きいやつとか今年生まれた子を持ったのは、だいたい八十八夜っていうと五月の一日か二日、それ以後でないと出てこない。去年の子がいるのは子供が騒いで早く出ることがある。暖冬の年はたいがい早いやつが土用とかに出はるって言ってるけど、その時期になると大きいのから小さいのまでドッと出はる。寒い年には、小さいのとか子持ったやつは、やっぱりそのころ出はるのもいるけど、まだ五月になっても入っているやつがかなりいるって感じ受けるね。

一年目のやつは一〇〇グラムで正月ごろに生まれるが、二年目のやつは親と同じように脂肪つけてるね。二年目では小さいのだと一七、八キロ、大きいのだと三〇キロぐらいだね。二年目の子が早く穴から出てきてて、木の上さ上ってるの見つけて捕ったら、穴の中さ親子いたこともあった。

――岩穴の多い三面側に大きなクマが多い

日本海側には大きなクマが多い。こちら側には大きな岩穴がないので、大きくなるとどうしても岩穴の多い三面側に行くということだ。国立公園見て回っても、朝日連峰向こうから越してくる足跡ときどき見るからね。こちらから行ってるのも少しはいるが。

動物はだいたい三面側に多い。こっちにはぜんぜんいない時でも、三面に入ると、こっちの山ウサギと同じぐらいカモシカなんかいる、なんて話だったからね。

三面まではクマ撃ちには行ったことない。朝日町側にも行かない。その境の小朝日までだ。熊越って名前あるけど、クマ越えたのを見たことないなあ。普通は鳥原と小朝日の鞍部越して古寺山巻いて根子川に入ってくるのだね。古寺の方は倉ではなく、通り道だからクマは捕れないなあ。

クマの胆とクマ料理

――電気コタツがあるからクマの胆干すのも楽になった

クマの胆嚢《たんのう》（胆《い》）は家で乾かす。今は電気コタツがあるから大変楽なんだ。昔は火鉢の上に吊り下げて、それを丁寧に干せば、破れてしまったってことないけんど、あんまり丁寧に干すと、一週間たつと腐って破れてくる。一週間で干し上がるように火かけらんねいの。あんまりかけると中が沸騰して破れるし、それがむずかしい。つぶすと大変だって、金目のあるやつだしね。

それが電気コタツだと、温度が上がると自動的に消えて、平均にかかるからものすごく早く乾燥するんだね。普通のやつだと、三日ぐらいでまず乾くね。ここまでいけばよい。何もかぶせないし、そのまま乾かすのだね。

他の家に頼んで、いい胆を楽しみにしていたらネコに持って行かれたっていうことあったね。金失ったより向こうの人が困っているのが気の毒で、今は全部自分の家でする。

――胆は高価だけど何にでも効くってね

今でもほしい人はいくらでもいる。クマ捕ったら胆がほしい、ってね。去年なんか捕れずに申しわけないことした。二日酔いなんかに使うようだ。効くらしいんだね。

昔は腹痛なんかに一番効果あったし、サングラスなんかかけずにいると目やられるね。そんな時にも溶かして、表面に塗るとひと晩で治るね。一匁《もんめ》が今二万五〇〇〇円ぐらいするかね。一匁なんてほんの少しだ。

今まで最高で三〇匁だね。普通で六、七匁じゃないか、一〇匁超せばいいやつだはあ。

胆は体重ではわからない、ものすごい差があるからな。エサ食ってしまうとなくなるっていうしね、穴から出たばかりだと大きいしね。ナラの実がよくなった年は胆が大きい、ブナの実がなった年は肉がいい。ブナもナラもなる年もあるけど、ナラだけの年もある、そんな年はクマの胆も大きい。

胆は一回で米粒の三分の一ぐらい使うのだからね。一回だったらそこらの売薬より

ずっと安くなるね。一匁となると高いけどね。ほんの少しを飲んだり塗るだけだからね。子供なんかだと強すぎるから、額に塗ったり、足の下に塗ると熱が下がるからね。本当によく効くんだね。「カクラン」っていうから、暑さ当たりと妊娠には悪いっていうんだね。それ以外は何にでもいいんだね。

昔は注射も薬もないし、クマの胆なんかものすごく高価なものだった。だから左沢あたりの財閥や商店あたりでは、大井沢の誰それさクマしめた時、何かきまりあったんでねいか。無尽講みたいに食料とか日当を手配するとか。なんかして、しめた場合は三分の二よこせとか半分よこせとかあったんでねいか。おれの時はなかったが話で聞いただけだけど。

――冬眠から覚めたばかりのクマの胆は大きい

胆は外見ではわかんない。クマは冬眠すると、荒皮って、俗にマツヤニつけて、アリつぶして、固めて足の裏につけて出るのだって言うけど、あれ本当は半年間動かないのだからできるのだと思うけどね。足の下にガチャガチャについたみたいで、それ穴から出て一週間ほど歩くときれいに人の手みたいになるの。人の手みたいになったら胆少ないってね。こいつがまだ半分ぐらいあると、まだかなりあるなあって感じるね。

クマは出て食べ物食うと、胆汁が出てきて消化に作用するわけだね。だから食わないやつはパンパンにたまっているんだね。

クマは出てきた時は太っているね。十一月の末ごろ捕ると、普通だと腹とかだけどこのころは全身に一〇センチぐらいのものすごい脂肪で太ってるね。だからあまり行動も活発じゃない。それで秋捕れる率多いのだけどね。太って歩きにくいのだね。だから秋のクマは四、五〇〇メーター行くとまた寝てるね。

冬眠してて、それが栄養になってて、ゆくゆくなくなるまで穴さ入って寝てるのだね。むしろ出て動き回るとその脂肪がとれてピンピン歩けるのだね。穴から出てきた時、目も当てられないくらいやせている、って本さ書いてあるけど、穴から出た時はけっこう脂肪が残っている。「出遊ぶ」って穴から出て五〇〇メーターとか一キロとか、三キロぐらいまで歩き回ってね、そいつなんか見つけると、穴さ入っても黙っているね。脂肪落として自由に歩き回れるようになると、穴さ出る。

それぐらいではまだ、荒皮はついているね。エサもまだほとんどとらないから、胆の方も大きいね。だから太っている時に撃ったのはまだいい。

月の輪の大きさと胆も関係ない。大きな月の輪でも胆がほんの二センチとか三センチのもいるし、ダアーッと大きいのもいるしね。どっちかというと七尺ぐらいで、このへんでは中から大にかけてのやつには胆がある。七尺ってのは、毛皮をクマの枠に張るのだけどその時の大きさだね。あまり大きくてもわりと少ないっていうね。

クマは大きいので八尺ぐらいだね。三〇匁胆のあったやつは大きかった。三〇貫の上はあったが毛皮は七尺ぐらいだった。

秋に捕ったクマにも胆はあることはあるが、食べ物食べている時のやつは他の牛とか馬と同じであんまり効果がない。捕る時期によってもだめだ。ブナの芽がほける(開くと)と値段が三分の一ぐらいになるのだ。ちょっと夏の暑い時期になると、固まっていた胆がベチャベチャになってしまうので、ああこれ若芽とか新芽食っていたってわかるもんな。夏も秋もクマの胆はだめだ。

——胆が本物かどうか、区別がつかないんだな

今は毛皮は塩づけにしてナメシ屋までそのまま送る。ビニールの袋あるからね。あれに皮広げて塩いっぱいにして、たたんで毛の方にも塩かけてね。一頭で二キロぐらい塩すると大丈夫じゃないべか。

ここらへんでは、山で皮むいてくるが、庄内の方の八久和あたり、岩谷沢の下に大赤沢とか枯松沢とかでは、このへんで捕った三十何貫のクマを丸ごと皆で引っ張って行くのだな。「胆分けらんなんねえから部落に行って解体して、皆に見てもらった胆でないと売れない」ってね。

胆をナメシ屋で扱っているんだが、そこでクマの胆いるならおれなんぼでも持って来るって人いるんだなあ。ほうするとどの胆買ってきても同じ厚さよ。

まず、普通は三〇頭捕れば三〇頭とも胆の厚さって違うんだなあ。それが同じ厚さだから、自分も買えないし、他の人ほしいなんて言っても、ほなら買ってきてくれ、って言えなくているんだな。

胆が本物かどうか、区別つかないんだな。水に入れるとクルクル回るなんて、マタギなんかも言っていたけどね。それは干す時必ずクマの脂とってて、それを塗って押しつぶしたりするから、その脂が水の上で抜ける時にクルッとしたりするみたいだなあ。

大井沢はその点信用があった。昔から加工したりする人がいないからじゃないかな。ここではいつも山で解体してくるが、本物だかって言われたこともない。だいたい、来年捕ったらほしいって言われていて、それにも充分やれなくている状態だね。遠くに売るにも、間に信用おける人入っているから間違いなかったんだね、昔から。

――クマの骨の粉末も打ち身なんかに効く

クマの骨も、糠で蒸し焼きして粉にして、ご飯粒で練ってつけると、打ち身とか骨折した後なんか非常にいい。内臓も食べるけどあまり山奥で捕ると、もらっていって食うかなって言う人もいるし、たまに捨ててくることもあるなあ。特別人気はないね。

クマの肉を売ってくれって言う人もいるが、七人なら七人いちおう等分に分ける。一キロ四〇〇〇円では買わんないなあ。普通の大きさで二〇貫ぐらいだから、野生のは肉が四割として八貫目だね。家畜だと六割だね。皮と頭なんかつけると六人ぐらいでしめに行くと重たいね。一〇キロ以上はある。残りが骨とかだね。

毛皮も買う人はいる。値段は大きさから毛並からで、いい毛皮ってのは、寝てる穴の底が平らだといいが、ちょっと高さあるとそこで毛がすり切れるのよ。やっぱり仮死状態の冬眠でねいから寝返り打って動くんだね。そしてそこ傷つくとよくよく安いんだね。ほかにも毛並っていうと、毛の短いやつと長いやつがいるけど、どっちかと言うと毛の短いやつのがいいみたいだね。

――クマもウサギもガラごと煮るとうまい

この間もお客さんからおら方のウサギ汁変わっているなあ、って言われたけどな。小国出身の女の人でね。ウサギ汁っていうと、ブツ切りにして骨ごと煮るのだってね。やっぱり骨ごと煮ると、たしかにうまい。おら方は肉をはがして、ガラを煮てね。肉を取ってコマ切れにして煮たやつだと子供なんかも孫なんかもあまり食わないけど、ガラごと煮たのだと平気でうまいうまいと食っている。それだけうまいのだね。ガラごと煮ると、軟らかいのではなく味があるのだなあ。

クマ汁なんかもよく出すけど、昔はガラなんかいらないって、他の人に持っていってもらうんだったけど、ガラでダシさとって、クマ汁さ作るとやっぱり味が別だな。だから今はガラも冷凍しておいてね、それで料理をする。

おれの家の自家用だとガラも入れて煮るが、お客さんのはガラを入れるとどうしても骨の細くなったの入れたりして嫌がられるからね。お客さんには肉だけ煮たの出している。だから経験者にはこのウサギ汁違うもんな、って言われたりする。

何でもガラごと煮るとうまい。鳥なんかでもガラ入りがいい。よく中華なんかでも、ガラでダシとっているけどね。

前に天狗小屋で、あそこだからいちいち肉取っているの面倒だから、前の日に雪調査をしながら七匹だか捕ってきたので、ブツ切りにして大きなナベで煮ておったら、山形工業の山岳部の生徒がちょっと吹雪いた時来てね。もし食べるこつだら食べてもいいよって言ったら、「あっ、御所山のウサギ汁と同じだ」って連中言って、全部たいらげてしまった。

――動物の肉は冬の貴重な生肉だった。

昔はね、ウサギは生醤油なんかで煮つけてね、かめにとっておいたね。四月いっぱいまで持つ大きなかめでね。

クマは缶詰にもしたが、クジラ缶によく似てくるのだなあ。だから一年ぐらい持つから冷凍にした。

ウサギはあまりお客さんには使わないのだ。っていうのは、毛がやわらかいので散弾に巻き込まれて中に入ったりね。むく時ついたのがわからなかったりして、料理してから毛なんか出ると嫌がるからね。ヤマドリとかカモとかはお客さんに使うけどね。

クマは昔から自分たちで食べた。大井沢は峠を越して通行したので、冬は大変で、秋のうちに塩マスとかニシンとか保存のできるやつを買い込んでおいて、それを少しずつ食べるだけで、生肉なんてぜんぜん手に入らないからやっぱりウサギだったね。捕ると煮つけて保存した。

カモはあまり捕れなかったが、ヤマドリなんかだと一日に二羽も三羽も捕れることはあったから煮つけておくこともあったね。

ウサギは一匹もとれば、肉は五〇〇グラムはあるし、家族で食べるのは充分だったな。

――獣の肉は家畜よりずっとうまい

ウサギは焼いたりしないが、タヌキなんかは焼いたやつ素晴らしくうまいね。鉄板で焼くとうまいね。足りないからって、牛肉でも追加して食うと、ぜんぜん味がないのだなあ。

アナグマだったらもっとうまい。タヌキの場合はもう一月に入ったら食わない方がいい。十二月中だね。アナグマでもやっぱり秋がいいね。

ウサギは春の五月ごろまで大丈夫だね。でもねクマ狩りのころのを大量に食うと下痢するね。木というか樹液というか、木が活動するとだめだなあ。肉を煮るとアクが多いのだなあ。だからアクを取って食べる。それでもよけいに食べると下痢するよね。他の動物ではそんなことないみたいね。

秋のクマだと下痢するぐらい脂があることもある。

クマは水煮だね。とくに家畜はちょっと水通しただけでいいけんど、野生のやつは長く水煮して、煮るほど軟らかくなる。家畜は反対にあんまり煮すぎるとすなっこく(筋っぽく)なる。クマだと二、三時間水ばりで煮てから醤油入れる。これが普通だ。

クマでもウサギでも焼肉にするようになったのは最近だね。タレは市販しているのにリンゴとかニンニク入れてね。

刺身はヤマドリなんかうまいけどね。クマはレバーがうまいって刺身にして食べているけどね。肉の方がうまいなあ。

――クマの血をガブガブ飲むと牛乳のような味がする

クマなんかだと血飲んだりしたね。貧血の人がクマの血けろ、ってもらいに来るけど、医者先生に聞くと血なんか栄養分ないって言うんだなあ。実際にクマ狩り行くと、こいつ飲むとどだな所でもこわくなく（疲れなく）歩ける、なんてやはり言っているんだね。まだ医学的にわからないところあるのかどうかね。おれはあまり飲まない方だね。でもね飲んでみようかな、なんて杯にくんでちょっとなめたりすると、生臭いっていうか嫌なんだけどね。湯呑みや茶碗なんかでガブガブって飲むと、牛乳なんかとあまり変わらない味だね。

血はこのごろあまり飲まない。捕って皮むく時飲む人いるけど。なんかゼンソクの妙薬だけどね。あれ洋皿なんかに取って、天気のいい日だと二時間ぐらいでカチンカチンにロウみたいに固まる。すぐに粉になるので、その粉飲むとゼンソクにいいって。

刺身は食べるね。昔は寄生虫いないって、食べたが、熊本大学の雨宮先生が寄生虫発見したって有名なんだね。そのうち青森あたりで中毒しているんだ。このへんでも食べるね、うまいね。

狩人たちの仁義

――関部落だと撃った人がクマの頭を取る

大井沢では捕ったクマは均等に分ける。ただ関部落って、板谷峠の部落だと撃った人が頭を取るっていうが、頭なんかもらっても何にもならないわけだけど、頭を高く評価してるのだなあ。どういうのだかね。頭持って行けなんていったって、今だと文化庁の花井先生が研究として使いたいからほしい、というので届けたりしているけどね。関だとかなり価値あるんだね。なんか勲章みたいな価値だが、何かに使うのだかね。こっちでは昔から邪魔で、ガラガラして、様悪くてね、誰も持って行く人いなくてね。あそこじゃ、分配のほかに頭もらうんだってね。それが楽しみで撃ちたがっているんだね。

――ほかの縄張りに入ったから悪いとは言わないが、仁義は重んじた

昔は縄張りがやかましいというか、仁義を重んじてたね。ほかの縄張りに入ったから悪いって言われたことはないけんど、出谷に行くには天狗角力《すもう》取り場通るんだけど、あそこから見附川に今行ったばりのクマの足跡あるって、そうするとあそこの下は内ノ島で、今は平気で追いかけて行くけどね。昔は、見附衆の方行ったはあ、ってなんであきらめて出谷に行ったもんだね。

仲が悪いわけでもないが、あっちでも来ないのでこっちでも行かない、っていうのだったんだべなあ。桧原部落が大井沢川で、中村は出谷の大赤沢、枯松、その下に大巻、戸立《とだて》の合流点だね。そこに戸立、平七、ウツボ、西俣、中俣、天狗のすぐ陰にトガリなんて、かなり遠い所だね。見附の方が日帰り可能だね。桧原は赤見堂越して、白糸、中沢、松花、青倉、大井沢川でね、大井沢川は両方にかかるんだね。

山の中では八久和の連中とは会った。八久和の連中が大赤沢まで来た。大赤沢、枯松、大巻が八久和の連中と重なる。三回ぐらい一緒になったね。来て悪いの何のっていうわけでもないけどね、あそこには伊藤君って鉄砲の上手なのいてね。

一緒に巻いて、胆を大井沢にもらって、あっちさ皮なんかやって、後で分けぶんだけ肝送って、あっちからも皮の金なんかもらったことあるね。肉は目方にかけるわけ

にはいかないから、だいたいで分けてきてね。

昔はトラブルがあったんじゃないか。だから撃って皮目たてない（皮目たてる＝皮はぐ前に胸から切ること）内に、ああしめてよかったなあって。他人が来ればその人にも分配する、ってなことあるんだな。だから争いごとあったから、その境い目がはっきりしたのでないべかな。皮目三寸たてたらおれのものだ、だからクマ撃つと「ワラワラ皮目たてろ」って言っていた。皮目たてる前によその組が来れば、一〇人なら一〇人に分配してやらんない。

――知らずに二組で同じとこ巻いたことがある

おれが前方にいたわけだね、向こうの連中同じ所に立っているってのを知らないしね。クマが来たから、おら方で「上通切声かけろ」って言うと、よその組の上通切がまったく反対の方で「ワァー」って言うんだ。声かける人が違うので、「このバカヤロー」って言うと通じるんだね。前方の時は、誰それさんさなれ（さけべ）、なんて丁寧に言わないしね。このヤローなんてな言葉で言うしね。そしてクマがどんどん行くので、「上通切さなれ」って言うとまた反対の方で「ウァー」ってね。ますますクマは逃げるので、やっと鉄砲撃って追い上げてしめたけどね。

そして、行ってみたら、知らない人が、「上通切、上通切って言うけどこちらは下通切なんてばあ」って庄内弁で言われてよ。おれはバカヤローなんて言ってたものだから、はずかしいんだね。しめたけどね。

誰に合図しているかわかんなかった。我々は上通切だけど、向こうの連中は反対を上通切と呼んでいるんだね。トランシーバーもなくって口で言っているので、相手の方もおかしい、おかしいと思っていたが、動いていたのだね。

向こうの前方も合図してたんだべね、バカヤローだけが通じるのだね。「バカヤローそっちで黙ってろ」って言うと、黙ってて、また「上通切さなれ」って言うと、「ほうほう」って言っているんだね。両方で勘違いしてるんだね。

鉄砲撃つ人も、二〇人も立っていたんだけど、一キロ近く離れているのでわからなかったのだろう。向こうの前方もいたけどだいぶ下の方が位置だった。変な話だね。

この時は八久和の伊藤さんってのがクマを撃ったんだけど、全員で分配した。伊藤さんは二、三度会っていたので知っていた。そして丸森って、八久和川から入ってカーブするとこに真ん中に立っている山だけど、以東から見ても真ん中に見える。この山さ入ったとこにクマがいて、二〇人ぐらいでないとこいつ巻かんねいから、おら方さ一つ泊まってこいつ巻けやい、って言われたけど、戻って来たけどね。

全員で分配して、おら方は胆、向こうは皮で肉は二つに分けた。今ごろはそんなことは二度と起こらないべな。

——**おら方でしめた、しめないがあるからトラブルはありがち**

トラブルもある。やはりクマ撃ちは、捕って営利的よりも、おら方でしめた、しめないというのあるから、どうしてもトラブルありがちだね。おら方っていえば、月山沢の山にクマが向かって行くと、「そっちに行ったからたぶんあの倉さ行ってたべえ」って親切に電話入れるけど。あっちはぜんぜん教えないのだからね。「足跡もねい」って言ってて、今度夏分になると毎日逃がしてばかりいて、なんて言っている。足跡ねいのに逃がすこともねいんだったね。

一回、大井沢川の倉で通切にいて遠いの撃ったんだけど、腹抜いて血がジョウロで水かけたみたいにパーパーと吹いていく。クマが三〇分ぐらい歩いたら人間は追いかけらんねいしね。

二、三日たって向こうで捕った。二度三度手負いになってたの拾われたね。ぜんぜん権利はない。だけど連中は、大井沢で撃ったの弾入っていたって、絶対に言わないからね。

こんなのは先に撃ったからって何の権利もない。だから皮目をたてるか、綱を引っ張るように首に巻いて、木に結びつければこっちのものだてんで、ワラワラ荷縄かけろって言っていたね。

こっちでは拾ったことはないが、三十九年の撮影のあった年は肘に弾の入ったのを捕ったことある。何年か前の弾だけどね。だから歩くの変な格好に見えてね。遠くからだとね。

――クマ狩りの合図なんて簡単なものだった

昔は薬きょうが真鋳で自分で詰め替えたが、その時撃った空ケースを吹くと、ピーってかなり遠くまで聞こえた。クマの巻き狩りの時、それを吹いて合図した。合図は二人で決めたこともある。二回吹いたら集まれとか簡単なものだった。クマがいたとかいうのは、這って見せたりだね。合図といってもこれぐらいで、逃げたとかどうしたとかの他の合図はなかった。

いない時は、「いないちゃー」って、大きな声で言った。遠いものだから聞こえないから、「ちゃー」って言うのをいないんだなあと聞いていた。普通は「ちゃー」なんて使わないが、クマ撃ちの時だけ使ってた。朝日町の方では「ちゃー」って使うらしいが、また、「いたぞー」ってのは、「ぞー」でいることだし、「ちゃー」とか「ぞー」は遠くまで聞こえるものだ。

通切での合図で、「さなれ（さけべ）」って言うと、その位置から少し下がってクマを追う時もあるので、「さなれ」だか「さがれ」だかわかんなくなるので、「さなれ」の時は「一声かけろ」とか言っていた。「さなれ」と言っても「さがれ」だと思って下がって、クマに横通られても困るからだ。

でもクマが反対側にいる時なぞは、大きな声を出せないので勢子もなかなかむずかしい。どこにいるかわからないクマを追い出すのだから、変な所で声出せばクマは反対に逃げてしまう。だからこれは合図が必要だと自分たちなりに決めたことがあった。斜面を丸く歩いたら、早く巻けということで、往復すればとり止めだとか、五つ、六つ決めたが、トランシーバーの入るまでの短い間だった。昔は這ったらクマいたという程度の合図だった。

――毛皮の売買はにぎやかでけんかと間違えられた

毎日ウサギ狩り行ったり、テン捕ってたりもしたので、一緒に歩いてた二人だと、あいつがああいう風にやるのだから、いねいなあとか、急げというのだなあとかわかった。

ウサギ狩りはひとりだけど、クマ狩りだと少なくとも五、六人、テンだと二人か三人ぐらいがいい。昔はテンでも五人ぐらいで本気になって行ったけど、今は五人ぐらいで仮に捕ったとしても、あまりいい金にならないんだ。四万ぐらいだもの。昔は七人ぐらいでテン捕ってきても、酒盛りやっていてね。夜中にも毛皮商人なんか来て、売った、買ったなんて言っているものだった。だからおれの兄貴、皮屋が来て、テンしめてきたのを皆が集まって、買った、なんてやっているので、親父さかかってくるのならおれもかかっていこうと思っていたってね。買ったぞう、とか売ったぞうとか、にぎやかにやっていたのがけんかに聞こえたんだべ。

昔は岩屋沢にクマ狩りの丸太小屋を秋に行ってかけてね、そこに一週間泊まった。中村と大井沢の組はだいたい小屋かけてて、そこを根拠にしたが、月山沢の赤見堂に行く連中は行き当たりばったりで泊まっていた。

まず火を焚いて、今みたいに寝袋なんてないし、毛布一枚ぐらいの綿入れジュバン持っていってね。雨具なんて完備してないので、焚火ものすごくして、そのそばに寝るのよ。だから神経質で火の粉飛んで燃えるのでないか、なんて思っている人は寝られないのよ。横になったらグーグーしている人は寝てしまうんだね。寒くなるころ起きた人が火焚くしよ、寝てしまった人は平気で寝てしまうのよ。だから神経質な人は寝不足で、クマ登った時居眠りしていたの、ただ通したのっていうことたびたびあった。

結局、クマ狩りそのものが重労働なさ。泊まるから寝道具とか米とか持っていって、荷物重いし、ひと晩他人の火の番して、寝ないで疲れているしね。

中村はほとんど小屋に泊まって、一回ぐらい大井沢川の上流に泊まったことあったけど。火の焚き方は皆同じだ。太い木を積んで、細い木に火をつけて、周りでゴロゴロ寝ていた。

一週間のを三回ぐらいひと春に繰り返すので二〇日間ぐらいやった。一頭も捕れないこともあった。

おれも初めて行って、四年間ぐらいは追い方専門だった。やっぱり若い人や初めての人はまず追わんなんねい。

第三章　ワナと動物

ワナを仕掛ける

――小学校の五年生ごろからイタチのワナをかけた

おれは子供の時からイタチのワナやっていた。雨降りにワナかけてて、ビショビショになってきて、怒られたね。そのころは家の小屋の裏あたりにかけててね、朝行ってみると大きなイタチかかっていたりしてね。

今なんか誰もかぶらないけどござ帽子って、ござで頭をかぶるようにして、あとは前に広く合わさってくるので、雨が降ってもござきれいに編んであるから直接ぬれないでね。昔、大井沢を通る出羽三山参りの導者（案内人）なんかよく持っていた。暑い時なんかもかけて歩けば涼しいしね。雨降ってたらかけて、休む時は敷けばいいし、地元ではスゲでそれに似たやつ作っていたね。

大きなイタチを捕まえて、ござ帽子を買ってもらった。小学校の五年生のころだね。板で「落とし」を作って、多くかけるにはトラバサミが便利だけど、下を平らにさえしておけば落としの方が確実だね。結局、板を上にして、支えにヒモつけて釘で押さえて、そこ引き割って、その間にカヤにエサつけておいてね。そうして、この部分がはずれると、板に重みかかっているのでパタンと落ちて、捕まえる。下さえ平らだったら、重りはそう重くなくてよい。石でも下に入っていると、土でも掘って出るみたいね。イタチ専用だね。

当時はイタチも高かったし、好きで、面白かった。今でもイタチは大きなやつかかっているとうれしいね。ウサギが何匹捕まったって息子たちは喜んでいるけど、そんなのはぜんぜんうれしくない。

——獣が通る場所はだいたい決まっている

昭和二十五年ごろまではキツネは捕れなかった。そして数も少なかった。値段も高かった。むしろ平野部の谷沢《やざわ》とか高松とか平野山《ひらのやま》あたりでよく捕れたね。昔は森林なんかも平野部に多かったから、捕れたんだべ。キツネは鉄砲では一年に一匹も捕れなかった。ワナの方が多い。二〇匹ぐらいだ。ワナでも普通の時は捕れない。新雪でワナがパァーッと埋まった時だね。キツネが一番賢いと思ったけどタヌキもだいたい対々《たいたい》（同じくらい）だね。昔から年とったキツネはかからない。ワナだったらまず一年のやつだね。鉄砲だとだいぶ大きいのもいるけどね。

キツネはトラバサミを通り道にかけておく。なかなかかからないけどね。新雪が一〇センチぐらい降ると、山の地形によって獣が通る場所が決まっている所あるんだな。何のワナでも同じで、今までの経験上そこを狙ったり、人間が道路歩くのと同じで、歩きやすくてエサがよけいとれるとか何かあるのでそこに置く。テンとかキツネとかタヌキとかなんでも同じでね。ウサギなんかは別だけど。

獣なんかも歩けないような断崖で、沢の辺《へり》が狭い所狙ってかけるのだね。ワナが二、三丁だと毎日見て回れるが、根子川だと二、三丁でも距離が遠いから一日かかる。やっぱり大井沢川でも一日かかるしね。三日おき、四日おきになる。天気が荒れるととても歩けないしね。

ワナのかける場所は、根子川でもいい所は四、五カ所で、それでもひと冬一〇匹だね、かかるのは。

――ネコにマタタビみたいなもの、テンにもないかね

普通の人だったら、エサ穴の奥に何も工夫しないで仕掛けているが、そのエサをちょっと見えなくするとかね、なるだけ人間のにおいを残さないでかける。ゴム手袋なんかだと、石油詰めに使ったりするからそのにおいがきついのだね。だから昔はホウの葉とかを乾燥しておいて、オニギリとかの経木代わりに使ったよね。それなんかだとご飯粒ついているのテンが食べて、木の葉ごと持って歩いている。人間そのものは嫌わないけど、今使っているガスとか石油とかオイルとかそういうなん嫌うね。

今ひとり上手な人いるのだけど、タバコ吸うのでワナは十二月一日だから、十一月の一カ月ぐらいはタバコ吸わないとかね。最初の日、ワナを沸騰したお湯にアラとか入れて煮るとかいうが、あまり関係ないみたいだね。

香水なんかもワナにかけると効果あんだべねえ。ネコにマタタビと同じで、ライオンなんかもネコ科だから、マタタビでコロコロしているんだね。テンにもマタタビみたいの見つけたらもうこっちのものだけどね。まだわからないな。

おれはタバコも吸わないけど、素手でなくゴム手でやる。人間がそっくり入るほど大きな入り口があり、その奥にいい所あるからこれは絶対だってかけると、やっぱりあまり捕れないなあ。人間が入ったからだろう。手だけでかけるような場所がいい。

だからワナは雪で埋もれない場所で、そこにエサで誘い込むのだからね。エサは、ウサギとかヤマドリのガラとかニジマスとかだね。

猟期は、ワナは一月三十一日までの二カ月、ヤマドリは一月十五日までだね。だからワナをかける時はなかなかいい天気の日がない。根子川あたりは林道だから車で入ってたけど、今年は早く雪が降ってね、だめだった。

今年でテンは一〇匹だね。まれにキツネ。ここ二、三年は捕れない。今年アナグマ捕ったね。タヌキは四匹。タヌキなんか一五匹って、またかかったたって始末するの嫌なぐらい捕ったことある。

――昔はタヌキの皮をふいごに使った

タヌキも加工すると二万円ぐらいするけど、面倒くさいので皮で売っていた。皮代五〇〇〇円ぐらいだね。だけど、あまり好まないな。テンばり（ばかり）だね。イタチは買うね。イタチのほうがテンより質がいいからね。でもテンの一〇分の一ぐらいの大きさだから、一枚のショールに一二匹はかかるね。タヌキは最近数が出たから値が下がったんだべ。昔だったら、鍛冶屋さんがふいごのパッキンなど、タヌキでないとわかんねい（だめだ）ってので、ものすごい高かった。一匹で二つぐらいしかとれないので高かったのだってね。

今年イタチが一三匹捕れたから、一二枚で加工している。加工は村山市の袖崎だね。今は新潟とか東京とかでも加工する。山形の中島なんかでもするけどね。テンなどは、毛皮商が生皮で持っていったのはデパートで売るんだべな。

イタチは一匹七〇〇円ぐらいするかな。加工すると一匹五〇〇〇円ぐらいになる。加工すれば一〇倍ばかりになる。一二枚でショールにすると、一二、三万になるね。毛皮はなめさないと毛が抜ける。明礬《みょうばん》使うから、保存できる。大井沢ではなめさなかった。皮屋が来るからね。皮屋さ売ると四〇〇〇や五〇〇〇で買っていくけど、テンの毛皮ほしいと言うと六万だ、七万だって言われるけどね。それでこっちで加工して、五万ぐらいで売ったわけだね。今でもテンなら人気ある。一〇匹しめたけど全部注文だね。テンは一匹で売れる。尾が美しいしね。雄のテンなぞいいよ。

東京など加工に出すと半分ぐらい取られるっていうね。毛皮さ、何かに使うんだべな。真ん中の所取ってね。顔も腹もつめるのだね、加工する時にね。

――ワナをかけるのにいい場所は財産みたいなもの

昔はウサギなどワッカで捕ったことがあるが、今はすべてトラバサミだ。川泳ぐの嫌だから木の上を渡るというので、ワッカかけたことがあるがぜんぜんかかんなかった。

おれは昔からワナが許可される甲種の免許持っていたな。西郡《にしぐん》(西村山郡)でも二、三人しか持っていなかった。なんで甲種の免許取ったかというと、博物館の動物の捕

獲許可もらうに甲種ないとうまくないよね。で昔からずっと取っているんだけど、銃と同じ税金を払わなければならない。両方だと四万円ぐらいだね。だいたい普通は鉄砲だけで、ワナなんてめったにいない。

ワナもむずかしいのでね。たくさんエサ置いといて、それが腐ったころかかりだすね。ひどいにおいでワナの鉄のにおいが消されるのかなあと思う。穴の奥にエサ入れて、手前の狭い所にワナを置く。もし広かったら腐った木なんかで狭くして、そこにどうしても通るようにして仕掛ける。ワナは何か穴があって、手前が狭くて奥に広いとこがあるといい。だが雪がかかるようではだめで、急な斜面の岩の下とか、木のうろとかで、いい場所は財産みたいなものだね。

おれは三〇カ所ぐらいかな。他の人がする所には入らないようにして、あっちはおれの区域だ、みたいにしてね。入って悪いって規制はないけど、自主的にそうしている。そして毎年同じとこにかけるので忘れることはない。

太い木の根元、マイタケ出るみたいに穴があいているのがいい。根子川の林道みたいにスキーで行けるような所はなおいい。林道のすぐ端にある。

そして、タヌキとかアナグマの場合は、地面より若干低いとこに足をおく習性がある。テンの場合は地面より高いとこに足をおく習性がある。同じワナでも、タヌキがかかることがあるし、イタチ、テン、まれに雪なんか吹雪で入るとキツネがかかることがある。ネズミなんかがトラバサミ落としてしまうこともある。だから見回りして、エサを足してくる。そして最後にワナだけ回収する。

一〇センチ以上のワナは特別の許可が必要だ。クマなんかかかるやつは使用禁止で、一〇センチ以下だけだ。トラバサミで、一号と一号半までは許可だけど、だいたいは一号ですする。

昔は一カ所に二個置いたが、今は一個だ。一個の方がにおいは少ないし、木の葉なんかで埋めておかんなんねいし、それにも一個の方が便利だね。針金でくっておくんだけど、あまり針金が短いと途中のクサリ切ったり、自分の足を切ったりして逃げる率が多いので、少なくても五〇センチから一メーターぐらいあれば方々歩いても逃げないってね。

――息子は犬飼っているからだめだ

一年にひとつのワナで四匹ぐらい捕れることがある。そこに足跡つけるからって、びっしりかけてもかかるのはだいたい決まってしまう。イタチなんかだとそこだって場所があってね。

他の人にもこういうふうにかけるんだって見せても、その人がやるとかからないってこともある。息子は犬なんか飼っているのでだめだなあ。

登山者が投げたジャムパンの袋をテンがくわえて、そっちこっち歩いてたの見たことあるから、ジャムなんかえらい好むのでないかと買ってきてやったけどだめだった。ハチミツなんかはたしかにいい。

トラバサミなんか古くてサビていてもいい。一回サビると悪いって、猟期終わってから機械や自動車のオイルで丁寧にふいてしまったら、翌年全然だめだったってこともあったね。今やってるもうひとりなんか、猟期始まる前に何時間もトラバサミを煮て、一カ月前からタバコをやめてなんてやっているんだな。だんだん捕れるようになった。

石油類とか煙とか犬なんか嫌うようだな。機械油なんか使うとだめで、動物性のクジラの油なんかで手入れしとけばいいと思うけどね。

――ワナにかかった獲物は皮を傷つけないように

ワナにかかるとイタチやテンなら一日でだいたい死ぬんだな。一昼夜ぐらいたってもタヌキとかキツネが生きていたら、獲物がかかっていると喜んで、あわててトラバサミのバネたたいて、はずれて逃げたってことたびたびあるしね。人が近づくと急に力入れるので抜けていったとか、切れていったとかあるんだね。だから予備のトラバサミ持ってて、それを開けてあまり騒がせないで、また二つにはさんで捕ったね。そうあわてずにたたけば逃げるなんてないんだけど、あれもパーッと引くから空のとこたたいたりするんだな。だから、常に予備持ってて、それを五〇センチぐらいの又のついた枝にはさんで出してやるのだね。タヌキなんかだと、かみついてキバなどいためることがあるけどね。二組かかっていればたたいたって両方はずれるということないしね。

たたいて死んだからはずしておいて、またかけているうちに逃げていった、なんて時々あるの。死んでないのだね。やっぱりあわてないで処置すれば、たたいたって大丈夫なんだけど、喜んでいると他たたいたりね。

クレーなんか撃ったり、ヤマドリなんか飛ぶの撃ったりする鉄砲の名人でも、テンは絶対当たらない人いるね。値段が高い、って昔の観念あるもんだからあわててしまうのだね。ワナにかかったのは最後は頭をたたくが、そんな強くしなくしても脳震盪おこして、手出すとカーッとくることあるから何かで押さえて、心臓しめると傷つかんってね。傷ついたらだめだね。皮が破れたり、汚れても悪いね。血が出たりしてもね。でもまあそれは加工したりすると落ちるけどな。やっぱりなるだけ汚さない方がいい。だから心臓をしめて殺す。

――柳川には追いかけて捕る名人親子がいる

ワナで捕るのはおれと安松さんぐらいで、追いかけて捕るのは、柳川に親子でやっている人いるな。ナタ、マサカリ、ノコギリ、一本ヤス、網、ボロ布、イオウの七つ道具を詰めて。親父さんはおれらより四つ若いくらいだな。おれらは足跡の新しいのを追いかけるけど、その人はテンの足跡っていうと全部追いかけて、ここにつければあそこに行くんだ、ってわかってね。そして年間やっぱり十何匹から二〇匹ばかり捕るんだな、親子で。

鉄砲っていえば、狩猟免許取って金にしている人ってその人ぐらいで、ヤマドリ捕って、テン捕って。西郡でもこの人ぐらいだなあ。

昔、吉川に伊藤勘太郎さんって、八百屋しているの、これヤマドリ捕りの名人だった。相当量捕った。一〇〇羽、二〇〇羽近く捕った。今だったら一羽四、五〇〇〇円するべなあ。こんな小さな犬、自転車の後ろかごにつけて猟に行く人でね。死んでから一〇年ぐらいになる。

――ワナを仕掛るのは雪の降っている日がいい

山に行く日はおれの場合だと雪の深さだなあ。吹雪いたり、降ったりしているとおれの足跡なくなるから、カンジキかけて楽に歩けたら、その方がかえってよい。その時に捕る量が多いからね。天気のいい、ぜんぜん雪の降らない時だと、足跡はっきり残るわけだね。ワナ仕掛けたのに。雪さえ浅かったら荒れてても行く。

歩くのは雪がしまっていて楽だけど、吹雪くってのがいい。そして凍ったとこ一回動かすと凍らない。これが雨降りみたいだと凍りついてワナに上がっても落ちないことがある。だから長くなると地温で雪が解けて、それが凍りついて動かなくなるから、ある程度見に回らなくなんねい。かかる率はその動かしたのにフワリッと雪降ったのが一番かかるね。

木の葉を薄く、重ならないように上手に並べる。あまり重ねると踏んでもその木の葉ごと足上げてしまう。重なっている木の葉がバネで全部上がってくる。薄く葉がかかっていると木の葉が折り曲がる。あまり厚いと木の葉ごと上がってはずれて逃げていく。一枚ずつ木の葉をかぶせるのだ。そばの木くずがはさまったりすると逃げられるしね。

根子川の一キロぐらい手前まで見回りに行く。大井沢川は二キロ半ぐらいかな。スキーで最後まで回らんねいから、カンジキと両方持たんなんねい。スキーが楽だけど、雪質でくっついたりもするし、ロウが余計だと滑ってね。縄なんか巻いたりね。

——イタチやテンは一本足でも平気で歩いている

たまにトラバサミにかかって、引きちぎって手足のないイタチがかかることがある。イタチは気性が荒いから、足の一本ぐらいなくても平気だな。一本なくなるとなかなかワナにかかりにくくなる。なんせかかる足がないので、そのままエサとって逃げてしまう。一度肩にかかってたイタチがいたが、気性の荒い元気なやつだった。テンは足一本やられると、木に登ったり、木の上の鳥のヒナ捕ったりできないので、生活がしづらいのか、またかかることがあるな。イタチやテンは一本足なくしても平気で歩いてる。

以前、皮屋がこのへんには水イタチいないか、って言ってたけど、平野部には綿毛のないイタチがいるんだそうだ。

――動物同士でも好き嫌いがある

イタチはにおいがきついので、他の動物は食いたがんないの。ネコだってイタチ捕ってくるけど食べない。でもやっぱりエサが少ないと、ワナにかかったイタチをテンが食べていったりすることとあるけどね。そういうやつ、味を覚えているのかイタチのガラでも捕れる。

エサに一番いいのは実際に捕って食っているムササビやヤマドリだね。カモのガラなんかかからない。ヤマドリだったら羽毛とか羽入れてもかかるし、ムササビのガラなど入れたら確実に捕れるが、それを捕るのがむずかしい。テンは皮むいて入れれば共食いする。タヌキは皮がついていてもテンを食べる。テンがタヌキを食べるのは聞いたことないが、月山沢でタヌキかかったの、キツネが食べていたって聞いたことある。珍しいのだろうね。タヌキとかイタチは他の動物が好きでない。テンのガラだったら、テンも食べるしタヌキも食べるし、キツネも食べる。アナグマもみんな食べるだろう。

今だとコイ屋さんにアラなんかもらってテンのワナのエサにしている。

今はワナかける人も減っている。五、六人だね。鉄砲撃つ人はいるけど、ワナはいない。かけてもかからないからな。朝日町の西五百川《にしいもがわ》から「どうしてかけるのか教えてけろ」って電話くるぐらいだから、いろんな人と猟に一緒に行って、こういう風にかけるのだって教えたり見せたりするのだけど、そんでやってみてかかんないからやっぱりやめてしまうのだね。

天ぷら好きのキツネ

――キツネは賢いな。シッポだけを見せておれを誘った

キツネはかなりいるけど、利巧でなかなか捕れないな。数も昔よりは多いね。まずワナには絶対かからない。頭が良くって、鼻がきくんだね。このへんではやはり一番賢いな。

キツネっていうと、田んぼなんかに朝早く行ってみると、一直線に縄はったように真っ直ぐに足跡がついている。ひと晩に二〇里（約八〇キロ）ぐらい行動するんでね。それでも、夜明けになると眠くって、ふらつくんだ。蛇行したあと寝るんだ。ぐっすり寝るのは二時間ぐらいだね。ウサギよりぐっすり寝るのだな。だから、蛇行しているのを追いかけて、寝てるの捕まえた。

テンだったら遠く逃げて行くのをダーンと二発ぐらいかけると、穴に入っているけど、キツネは逃げ出したら、人の鉄砲届かないぐらいの距離で、後ろを見い見いどこまでも行くからな。穴に入ったりはしない。

一度、弁当からハケゴから全部投げ出して、鉄砲だけは持って追いかけて行ったことがある。太いクリの木の陰まで行ったら、こっちの方にシッポだけ出てるんだけどね。鉄砲でシッポたたけるぐらいの距離だね。シッポのつけ根あたりを鉄砲で撃てば捕れることは捕れるけど、弾でシッポが吹っ飛んでしまい毛皮にならないのでよ。どっち回ったらいいか考えていたら、キツネも考えてよ、クリの木の裏から跳ね出さないの。しかたなく根気よく待っていたら、パーッと跳ねて、そして捕ったことがある。

何分ぐらいだったか、おそらく六、七分だったけど、こちらが動くとキツネも動いたな。キツネのシッポは体ぐらい大きいし、横に真っ直ぐだから、あれをおれに見せて、シッポだけ撃たして逃げるつもりだったんだろう。

普通だったら、シッポはたれているのに、ピンと横に張っていたのは、おそらく意識してシッポを見せていたのだな。シッポでおれを誘ったのだね。

――夜明けごろだと寝むかけしながら歩いている

一回は、「子供の年祝いだから鉄砲撃ちなんか行かないではあ、モチでもついてくれ」って言われたけど、いい天気でね。足跡あれば、必ずいるみたいな天気でね、我慢できずに出かけてね。戻ろうと思ったら、やはり蛇行しているキツネの足跡を見つけてよお。ああいたな、と思って追っかけて行ったら、一〇メーターぐらい離れたナラの木にいた。ウサギは木の下に寝るけど、キツネは上さ、こう雪なんかあるの上さ寝ているんだね。ナラの木の太いのこう曲がっていたの、雪がモリッと積もって、その上さ寝ていた。

やっぱり寝入ったばかりで、自分が行っても気がつかなかった。そこで捕ったことある。二時間以上になると疲れがとれるのだな。ちょっとの物音でも起きてね。でも夜明けごろだといかにも寝むかけ（居眠り）しながら歩いているようで、ガラガラ、ガラガラ歩いているな。少しは変わるけどやっぱり一定の方向に、ヨナヨナ歩きはしないけどね。夜間に何十キロも歩いた後だとこういう歩き方をする。

――賢いキツネの弱点は鉄砲の鉄分に弱いこと

キツネは賢い動物で、ウサギ狩りなんかして巻き込まれても、ウサギを二、三発撃ったとこさなんか絶対出ないからね。鉄砲危険だと覚えているんだね。だから、ワンワンさなって（勢子が大声を上げる）くるのと、さなってくる勢子と勢子の間隔のある所さ、一文字に突破していく。むやみに跳び出したりはしない。鉄砲の届かない所を逃げていく。

だから、遠い所に寝てたんなんか見つけて、二時間ぐらい過ぎて行ってみると、もとの所に戻っていてポカンとこっちを眺めてね。畜生って、戻ってのぞくと、またもとの位置に戻っていたりする。いつも鉄砲の届かない距離を逃げている。

わりと鉄砲の鉄分に弱いというか、弾には弱いんだ。ウサギなんか死なないぐらいの距離でも死ぬ。だから鉄砲の届かない距離、六、七〇メーターか一〇〇メーターぐらいを逃げている。

でも散弾がひと粒でも当たれば、見えない所で死んでいるね。

ウサギだったら死なない。もちろん、ウサギだっていい所に当たればひと粒でも死ぬけどね。散弾は、どんな小さいのでも八〇ぐらいから一〇〇ぐらいは入っているね。だから、そのひと粒でも当たればいいのだが、そんな距離には絶対に近づけないから、めったに撃てない。

——二度もワナにかかった運のないキツネ

ワナ仕掛けてたのさ、雪が一五センチぐらい積もってね。そしたらキツネが沢の向かい側から跳んできてかかったのだけど。一年子だとたまにはひっかかることがある。

普通、一歳もならないうち、半年ぐらいで子別れする。こんなやつだとかかることがあるね。

沢がわりと急で、斜めに道路があって、そこ毎晩キツネ歩くから二カ所にかけたけど、一カ所はイタチしめるために岸の下前にわざわざかけたのだね。上側にキツネ専用にかけていたら、五センチぐらい雪降ったのでかかったんだね。そして、さんざんに暴れて、その時はトラバサミ壊して逃げたんだね。だのにまた同じ道来て、上のワナでにおいとったんだね。そしてわざわざ岸の下前の道に回って、イタチのワナにかかったんだな。一回逃げて、またよくひっかかったものだね。運の悪いキツネだね。

――キツネの毛皮は人気があるね

キツネの毛皮の値段はテンぐらいだね。五万ぐらいだね。大きいことは大きいね。昔はテンの半分ぐらいだったけど、今はめったに捕れないし、キツネほしがっているみたいだな、テンよりは。

キツネはゴマカスのやつとか、赤いやつとか、真っ黒なやつ、いわゆるギンギツネがいる。普通はいわゆるキツネ色、黄茶色とか、赤っぽいのでも霜降とか赤の濃いのとかある。だからいろいろ毛皮の種類がある。

値段の方は、「ゴマカスなんていうとよくないのだなあ」って言われる。ギンギツネは高いらしい、めったに捕れないのでな。

やっぱり襟巻にするんだね。大きいし見ばえもするし。それから専門に東京あたり出す人は、一枚の毛皮から二本ぐらい出すようだな。一本はショールみたいやつと、頭のついているやつだな。

――コンコンっていう鳴き声は素晴らしくきれい

キツネはイタチとかテンと同じように、ギャーッという鳴き声だけど、きたない鳴き声だね。夜道を歩くとよく鳴くことあるけどね。イタチとかテンとキツネ、同じような鳴き声だけど、そのうちで一番きたない声がキツネだな。

あの、コンコンって鳴く時は、素晴らしくきれいな声なんだな。めったに鳴かないけど一度だけ聞いたことがある。

天狗の頂上へ朝行って、二人で休憩しておった。ナメコ採りに行く時でね。もう雪降って、葉落ちてて、そしたら角力取り場あたりで白くなったウサギがポンポン跳ねて、「ああウサギ歩くほりゃ」って言ってたら、キツネが出てきてよ。それが登山道なりに来てね。ちょうど中間ぐらいに来たら、コンコン、コンコンってきれいな声で鳴いてよ。どこまでもこっちに来るから、「どこまで知らないで来るべ」って言ってたら、やっぱり鉄砲で撃てるぐらいな距離まで来たっけね。

雄だったか、雌だったかちょっとわからない。歩いてるのだけではむずかしいね。テンとかイタチだったらわかる。テンもイタチも雌はちょっと小ぶりだからね。テンは足跡も雄だとずれているし、雌だとほとんどひっついている。とくに急な登りだと、雌の方は重なる。雄はあくまでずれてしまっている。タヌキやアナグマも雄雌はわからない。リスもわからないね。でもリスの尾っぽは雄の方が広いね。

——キツネはほかの動物とどこか違う

ウサギなんかよく雪の上でキツネに捕まっているね。ウサギは五メーターぐらいの輪で、バンバン三回も四回も回った足跡つけて、それにキツネがポンポンって来てね、して、あっさり捕まえて食べているんだな。足跡残っているからね。キツネがにらんだだけで、逃げられなくなるんだね。グルグル同じ所三回ぐらい回ったとこ、パーッと来て捕まえる。キツネが威嚇するんだね。

クマなんかでも対斜面で大きく一カ所回っていてね。だんだん小さくなって、最後に竹藪にバッサリ入ったら野ウサギを捕まえてたんだって、大江の藤田さんなんかが話していた。

朝早く行ったら、テンが木から出てきて歩いてって、そしたらキツネが来て二匹コロコロ、コロコロコロ遊んで、ジャレててね。テンとキツネが先になったりあとになったりしてコロコロジャレていた。キツネとテンがジャレて歩くなんておかしいね、なんて雪の上の足跡を追いかけながら話しているうちに、キツネが目の前をパーッて逃げて行った。テンも逃げたんで、テンを追って捕まえた。

普通だったら、テンはキツネに食われるみたいな気がするけど、ケンカではなくて、やっぱりイタズラにジャレたのだな。子供ではない。大きなやつ同士だ。あんなことあんのかな。犬だったら、テンなんか一番嫌うからね。雪の上さ、木倒れてたのさ。テンが入って寝ていたら、ちょいと掘って、穴の口さ犬をやれば、パーッとすぐに出るぐらいだけど。

テンとキツネの仲が全部いいかってたて、そうでもないし。他の動物同士が仲がいいということはめったにない。どうもキツネはその点でも少し変わっているのではないか。

犬よりキツネの方が速い。キツネよりウサギが速い。おれので、柴犬ったって雑犬だけど、それなんかキツネがワナにひっかかったん、跳びかかんねいな。キョロッとしててよ。タヌキだと、カーッて跳びかかるけどね。キツネが鼻がちょっと長いだけだけど、犬と仲間だと思うのかね。においででもわかるはずだけど、どういうものかね。

――足が一番速いのはウサギだね

このへんでは走ったらウサギだね。ウサギは時速五五キロぐらい。タヌキは二五キロか三〇キロ、キツネは四〇キロぐらい。犬は雪の上はとくにダメだな。

キツネを追い出したら、キツネは必ず山一周してね、元の足跡に上って大きく跳ねて、よそに行くね。だと犬がだまされてずっとまた二回ぐらい回ってくるね。ウサギもそういうことするね。犬なんかにどこまでも追われると、やっぱり沢なんか水の中入って上って逃げるしね。ウサギはこのへんの川泳いで渡ることあるしね。犬なんかに追われると、だいぶ深い所でも泳ぐものだ。

犬も泳ぐけど、普通の犬だと川さ入るとあきらめる。うちで飼ってた犬は、川なら最上川でも何でも平気だった。どんな犬でもいざとなったら渡るけどな。

――キツネは多いけど、大井沢では捕れない

キツネは昔と比べて多い。昔はめったにキツネなんかいなかった。最近は近くまで来る。学校の裏あたりでも平気で通って行く。ここさは一時、残飯などあげたが来なかった。なんだか全般にキツネは多いけど、大井沢では捕れないな。去年も一昨年も捕れないな。三年ぐらい捕れない。だんだん賢くなっているのかな。

スギの造林が多いから、やっぱり見つからなくなるんだなあ。行動範囲も広いしね。

親子ではね、二月の二十日ぐらいになると、交尾期になって、四、五頭ぐらい集まっている。集まっていても、ゴチャゴチャはしてないけど、すぐ近くさ来ているようだ。

ねぐらは、冬分《とうぶん》だと木に上がってだいたい寝ているね。それから山のとっかかりとか、わりと見晴らしのいい所にいるね。

子育ては見たことがない。大江町の青柳とか柳川付近ではすぐの裏山で、キツネの子、五匹とか六匹いたっけ、って話を聞いたことがある。地形さえよければどこにでもいる。

——キツネはやっぱり油のにおいが好き

安松さんなんかは、ドジョウの天ぷらを田んぼの稲株の上にのせて、水の中にトラバサミを沈めて置いて、そして捕ったことがある。キツネは天ぷらが好きだ。油のにおいが好きなんだな。

二、三〇年前の話だが、警察に行ったら「いいとこに来た」ってよ。キツネの密猟で訴えられたらしいんだな。警察でそれ取り扱ってて、その捕まった人の主張は、キツネが出てきて左沢《あてらざわ》線の線路にこぼれた油をなめて、そして鉄分に弱いから死んだキツネを拾ってきたというわけだ。

おれも猟やる連中なんか仲間だから、それで通るのならと、「だろうな」って言ってきたけど、キツネは機械油は大嫌いなんだな、鉱物性のは。だから嘘なんだな。でも、鉱物性の油は嫌うって言えば永久に犯罪者になるわけだしね。まあ三〇年前の話だし。

植物性とか動物性の油はものすごく好む。それに鉄分には非常に弱い。だから、少しの鉄分で死ぬこともある。

林野庁の、いやもとは農林省の造林保護課動物保護っていうのがあって、そこに佐藤博士と岸田ってカモシカの権威者がおった。カモシカが特別天然記念物に指定された直後、カモシカの皮製品を持っていたやつが告発されて、朝鮮から持ってきた皮だと主張してたんだな。それで岸田って人が権威者なもんだから呼ばれて行ったんだ。何も犯罪者を出す必要もないので、これは朝鮮のカモシカだあって言った、って話を聞いてたんだ。

テンやタヌキたち

——テンが立木に入ったら、枝揺らしたり、木をたたく

テンは湿気を嫌うんだね。気温が低いと穴の中は湿気がないから、雪にもぐって雪穴とか、倒れた木の乾燥した所にいるね。んで暖冬で雨なばり降っている時は、平らな所で木の立った穴ばり入っている。泳げば五〇〇メーター、一〇〇〇メーターも泳ぐんだけど、なかなか古寺あたりの小さな川でも、小さな木の枝がかかっていれば、それさ渡るのだ。だからそれさワナかけておけばよくかかるんだ。

泳いでいるのは見たことないが、追ってて、月山沢のダムのそばまで行った。そこらさ入っているのだろう、と探したが、ぜんぜん跡がないのだな。そんで水際まで行って、向かい側二〇〇メーター対岸に道があるので、それさ回ったら、ちゃんと上

がっていた跡あるのだな。

昔は専門に足跡を追いかけて捕った。立木に入った時はね、下に行ってタタッと顔出すの捕ったりね。だから二人で組んだ方がいい。一人が木たたいて、もう一人が撃った方がいい。たたいても出はんなければ（出なければ）、二尺も三尺も穴開けて、木を突っ込んだりして、それでも出はんなかったら、下にいないかたしかめて、手ぬぐいか手袋さ火をつけて、その中さボーッと煙出すと、もうテンは煙には弱いからね。んでも煙でいぶしてしまうと、あとはあ、ひと冬、ふた冬は入んないからな。なるだけ煙使わず、たたいたり、枝揺らしたりで出した。同じ木にいつも入るからな。

足跡を追って行くのだけど、ウサギが戻ってというか、俗に言う、寝足とかの上にテンの足跡があれば、ウサギが寝てから行ったのだ、だったら夜明け方歩いたのだ、と追いかけるわけだ。ほかには、夜通し降って、一〇センチぐらい積もると、足跡の上に一センチぐらいしか雪が積もってないのを見れば夜明け方歩いたことがわかるから追いかけた。それから、ウサギ撃ちなどしていて、出はった跡があったりした。だいたい雪の穴に入っているときは、犬でも入れると向こうから出はるのだなあ。なんていうか、犬にやられるっていうんで、先に出はるんだべ。犬のにおいなんかで。

――穴の中に照準合わして何時間でも待つ

一人ばりでテンの入った雪穴掘って、待っている時だと出はんなくなって、一生懸命掘ってる時に出はるやつだもんな。

だから、雪穴掘ったりしないでかまわずに（気にせずに）木の枝立ててね、穴口に照準して待ってるのよ、弾込めて。そうすると、太陽が山岸に行ったころ、出はるんだね。今だと五時半ぐらい。お正月だと五時十五分ごろだね。だから、出はんなかったってな、そこらうろついていると出はるんだな。

だから雪の穴に入った時は、遠くに離れて、じっと待っているんだ。木の穴に入った時はたたいて追い出す。地面より下の時は夕方まで待つと出てくる。テン捕ってから、途中でウサギしめてきたなんてなこともあった。そのころは太陽地平線入ったばかりだから、明るいものだ。思った所に出はんないで、向こうの穴から出はったりして。顔を出した時すぐ動くと、また奥に入っていって出はってこないからね。跳ね出したあとで見て、初めて撃ったりした。

太い木の根元になんか入ったらね、昼間はちゃんと穴わかるからそこさ照準してるけど、暗くなるとぜんぜんわかんねい。首出してもわかんねい。ただ、真っ暗になっても、雪の上に何か動くのは横から見ればわかる。穴の口を雪をバックにして横から狙い、木の又組んで照準を合わせて、夕方になってテンが首を出すのを何時間でも待っているんだ。

でも乱視の人なんか、木の陰でも区別がつかず、一度撃ったらもう終わりだ。二度と出てこない。倒れた木があった時は、そこを掘って下の方から柴にでも火つけていぶっていると、向こう側の柴の間から出はってきたことがあった。たいがい地形のいいとこばり（ばかり）に逃げて行って出てこないものだ。

――テンの毛皮は白や赤、青色のがある

そら、一日、二日待っても手間賃にはなる。おれたちは一〇とか二〇、一緒に頼むからね。一万ぐらいに割引するから、五万に売れても四万にはなる。四日間ぐらいかかってもいいわけだね。

皮買いの人は、谷地から来ていた。やはり撃つ人よりいい金になるのだろう、テンが捕れたと言うと、間沢《まざわ》から夜寝ずにでも歩いて来たもんだ。皮屋も儲かったんだろうな。だいたい皮屋は農家の人で、冬仕事にナメシ屋から頼まれていたのだろう。毛皮は綿毛の白いの、赤いの、青いのがある。フーッて毛を吹けばわかるけどね。白く見えるのと赤く見えるのが高い。おれのはいいので、五万円で買ってくれた。高いだけあって、逃げるのも上手だった。

テンはなかなか上手に逃げる。真っ直ぐ行って、すぐに穴に入るやつもいるけど、

穴に入って出はって、入って出はって、はたして何回入ったんだろうっていうぐらいにして、入ってしまうのもいるし、また今度立木に登って、立木から立木さ移って、とんでもない木に入ったりする。木渡りする。木渡りといったって二メーターぐらい跳ねるからね。木の上を枝から枝へ、そして穴に入るから、ここなら跳ねる可能性あるなあと思えば、次の木見てね、ずっと伝わっていくと、五本目あたりに穴があって、そこにいることがある。なかなか追跡もむずかしい。

テンは一匹でも何カ所かの穴に移動したり、同じ穴に入ったりする。三月ごろだと繁殖期になるから同じ穴にいる。それ以外は、三日ごとぐらいに入る穴や、一週間ぐらいで入る穴があるんだね。何日目だから、あの穴、あのへんさ来たのでねいかって行くと、やっぱりいるね。一度テンを捕った穴には何年か後にまた入ることあるけど、その年すぐはむずかしいのでねいか。

——テンが親子で歩いているのは見たことない

五月ごろに子は生まれるんだね。そして相当長い間養っているね。生まれたばかりは毛も生えてない小さなものだ。一人立ちするのは、イタチぐらいまで大きくなってからでねいとまるっきりだめだしね。

親子で歩いているのは見たことない。大井沢博物館の標本としてはあるね。伐採の時、穴から出てきたやつをつかまえたらしい。繁殖期になると、雌雄一緒に歩いた足跡はあるね。

雄の足跡は五センチぐらい前後にずれている。そんで三〇センチぐらいの間隔についている。雌は踵と踵をつけたような足跡で、雌の方が足跡はだいぶ小さいな。夜半はわりと間隔が狭くて、夜明け近くには広くなる。斜面なんか滑ったり、立木渡りなんかもよくするなあ。

子はだいたい二匹じゃなかったか。でも、以前はまったく捕れたことのない地区で、一猟期に八匹も捕れたので、六匹生むのではないか、ってな話だが、二匹を何回も生むのだかもしれないし、その年に二組のテンがもとの場所に営巣したのかもしれないな。本当のところはわかんないな。エサは何でも食べるな。果物、ネズミ、野ウサギ、小鳥、キジ、それにムササビまで食べていた。

――ムササビは地上に降りないからワナではだめだね

ムササビはほとんど夜行性だからね。昼間、穴のそばなんか通ると、跳び出すことあるけどね。ほとんど地上に降りないから、ワナではだめだね。次から次に木に行って、登って、飛びながら登ってね。普段の時は大きく滑走している。なかなか捕まえるのはむずかしい。

モモンガだと家のそばにいるから、猫なんか捕まえたりすることあるけんどね。でも本気になって捕る気になれば、モモンガの方が大変かな。ムササビだとある程度の穴だからね、あれに入ってたとか、なんか見当がつくし、そんなに無数にあるわけない。モモンガの場合、小さなとこに入ったり、リスの巣利用したり、はなはだしいのは、巣箱なんかに入っていることあるから。

――ムササビの巣は座ぶとんくらいある

ムササビの巣は適当な木の穴がなくなると、リスの巣の大きいみたいなのを作る、ってなことあるね。でもだいたいは、木のウロ（空洞）に入っているね。山だと大木のウロに、ブドウの皮のフワフワしたとこなんかをいっぱい集めてね、スギの皮とかね。でもスギ林にリスみたいなムササビの巣を作ったってのは見たこともないね。皆木のウロに作るからね。地面に落ちているのはリスの巣だ。

リスの巣は周囲が小枝で編んだみたいで、中がスギの皮でフワフワなっている。

ムササビの巣は、図体が大きいのでかなり大きくなるね。体も野ウサギほど大きくはないが、角ばって座ぶとんぐらいはあるね。本体は小さいが、手足に幕張っているその腹の皮とってしまっても座ぶとんくらいあるね。

リスはスギ林、ムササビはこのへんだとまだ立木があるから、立木のウロだね。モモンガも、だいたい木の穴だね。それに、モモンガの場合、繁殖期でなくっても、四、五匹一緒に生活している。天気がにわかに荒れてきて、雪なんか降り出すと、日中でも出て活動してる。それにしてもめったに木から降りない。まれに、田んぼのスギの一〇メーターぐらいまで歩いて登った跡見られることあるけどね。

――ムササビ撃つのは月夜がいい

今はバンドリって言うか、ムササビ捕りは行かないけど、やっぱりムササビなんか、気温が低くて、動きが速くて、わかんないことがあるなあ。いたっ、と思うと、すっ飛んで逃げる。そして追いかけて行って、ああいたなと思うと、また飛んで行ってしまう。

ムササビ撃つのは月夜がいい。だから、旧暦で、その月の十日ごろから二十日ごろまでがいい。満月の日がだめでなく、雲のない日がだめだなあ。薄曇りで、おぼろ月夜の時だと、大きく見えるの。ちょうどホウの葉っぱでも上げたみたいにね。ちょっと雲が薄いと、ブナの葉一枚ぐらい小さく見える。

このごろは懐中電灯があるから照らすと、パッと目が二つ光るからね。ああいたなってなもんだね。林のしっかりある方には今でもいるな。保護区で、テンなんか増えると、やられるのだね。減ってはいる。

――ムササビ二匹しめれば一カ月暮らせた

フランスでは、服でも襟巻でもファーッとしたやつが好みでね。今は値段も安いし、夜、鉄砲撃ったらだめだから捕れないし。

剥製にでもする人ならほしがるけどね。毛皮はだめだね。このへんなんかは、まず、三日のうち二日は雨とか雪だからね。雨にあたると、ペタッとなってしまって、濡れネズミみたいになってしまうからね。毛皮は雄でも雌でも同じくらいの大きさだったな。

ムササビ二匹しめれば、一カ月の給料ぐらいになるから、なんて言っていた。だから三匹とれば一匹は儲けだなんてね。半月分儲かるってね、頑張ってやった。バンドリは夜の寒い時だからね。そのころ、猟やった人なんかヒザを痛めてね。今ごろ、ヒザが痛い痛いって言ってってね。やはり寒さなんか影響があるんでねか。神経痛かなんかだね。

おれは痛くなんない。あまりムササビ撃ちしないしね。親父が夜なんか危ないので出はんな、と言っていたからな。

ムササビにも赤毛みたいのと、白っぽい乳白色のと、黒っぽいのと三種類ぐらいあるな。普通は赤毛が多いな。白っぽいのはちょっと皮自体が小さいな。年齢によって違うとは思えないが、小さいと言っても、モモンガほどではない。

――モモンガは日光に弱くってね

モモンガは小さいし、足跡はリスと同じみたいだ。遠くの高い一本スギから飛んできて、スギ林まで着けなくって、途中で着地して、やわらかい雪だと、シッポまでファーッと跡つくしね。リスのこまいみたい、ポッポ、ポッポ行くしね。またスギ林まで行くね。歩くのは遅いけんど、毛皮にもならないし、狩猟獣でもないしね。

モモンガの糞はネズミみたいに小さく、細丸い。すこし茶っぽくって、黒に近いね。ネズミの糞の方が細い。野外で見るのはだいたいアカネズミとかハツカネズミだからね。あれよりは丸い。スギの実というか、花だね今ついているのは。あれをばらまいたようだね、モモンガは。食べるのは、木の皮とか根とか、ムササビも同じだね。ムササビの糞は真ん丸で、豆粒よりも小さいね。ウサギみたい型で黒いね。あの「正露丸」を散らばしたようだね。

家で飼っていると、モモンガはリンゴなんか食べて生きているね。ヤマネなんかも同じようなもの食べるけど、長く飼ってると、バッタとか昆虫食わせないと。

モモンガは日光に弱くって、晴天の日に表に出せばイチコロだね。夜行性だから日光に弱いのだね。一度、家でも飼っていて、新聞社で写真撮りたいってね。糸でもつけて、逃がさないようにするからって。慣れていて、糸つけなくてもよかったけど、日光のもとで何回も何回も写真撮っているうちにがおっちゃって（弱っちゃって）死んじゃった。

ムササビは、日光に弱くはない。

このへんでは、モモンガのことを木ウサギと呼んでいる。リスは木ネズミって言う。モモンガはウサギの顔に似てるのだな、木からちょっと顔を出すとね。穴から木ウサギ顔出してた、なんてこと聞くと、ナタ持ってそこへ行くと五匹も入っててね。大人だけど群れなしてるんだな。

――ブナ林伐ったので小動物が減った

昔はムササビがこのへんからおったからね。今は相当奥さ行かないといない。たくさんブナ林伐ったので、あの大面積の分が、今の小面積に全部いるかと思うとそうでもなくって。面積がないと、弱い動物だから、テンとか、クマなんかに食われるね。一回飛ぶと、三〇〇メーター、四〇〇メーターぐらい飛ぶんだね。何か天敵に追われたらね。それが一回飛ぶと、二回飛ぶだけの余裕ないんだな。だからそこで捕まってしまう。地上に降りたらモサモサだからね。テンなんかパーッて来るしね。ブナ林の木伐った影響だね。小さな動物はみんな減っているね。

——タヌキは頭悪かったのに、最近勉強してんかね

昔はね、タヌキはイタチと同じくらい頭が悪くてね。ドジョウのエサでワナ仕掛けて、丸出しになっているのにひっかかっていたけどね。

最近はワナをわきに引いたり、パチンとはさまる片方を折りたたんでしまって出入りしていたり、エサだけ取ったりしている。水の中に入れてにおいでもしないようにしないと、とても捕まらんねいなあ。

最近勉強してんかね。一匹覚えてしまうと、どっか山奥のやつも全部覚えてしまうってな。言葉があんのかって思うね。ここのは捕れないけどあっちのは簡単に捕れる、というのがあってもいいけどね。それが同じようなやり方でやるんだなあ。

他の動物ではあまり感じることないなあ。やっぱり、はさまって逃げたりしたやつが、これ危ないってのを、態度か言葉かで伝えるんだね。ここ数年のことだ。

やっぱりあのカモとかの類でも、エサをやってる所ではあれだけ横着だけど、ここらへんに来たらすごく逃げるの速いもんだ。

——タヌキは腹いっぱいになるとどんな穴にでも入って寝る

タヌキは鉄砲でなく、跡追って行って、穴に入ったの掘って捕ったことが多いな。

あんまり立派な穴ではなく、腹がいっぱいになると簡単な倒木とか雪穴になんか入っ

ている。それあわてててガラガラやると、タヌキ埋めてしまうことがある。タヌキは穴が奥まであっても奥まで入らねいで、入り口あたりに入っているのね。それで中の方に穴あるから、そっちゃ入ったんだと一生懸命掘っていくと、底についてもいねいのよ。ああいねいはあ、となってしまう。

手前に入っても、雪かぶせられても知らん顔して寝ていて、人いなくなってから逃げていったりする。穴といっても入り口は一五センチぐらいあれば入れるからね。足跡がついてなければわかんないくらいだ。

アナグマの場合は、かなりいい岩穴でもないと入んないからね。あるいは覚えていてはあ、次の穴さ行っても、いい穴さ覚えてて行くからね。タヌキの場合は行き当たりばったりだね。

――タヌキとタカとフクロウが一緒に出てきた

だから、こういうことあったね。夕方、裏山に三人一緒に行ったら、タヌキかキツネか寝てたって見つけたんだね。スギの葉みたいなの二つ三つあった。「ほだかえ(本当かな)」って連中スギの葉と動物の影を間違えたのだと疑ってね。「おたくらここさ見てろ」ってここばり見張らせて、おれはそこ回って陰の方行って騒いだら、タヌキが顔出したんでバーンって撃ったんだね。そしたら、そこからタカ、それと、フクロウと一緒に出てきた。

タヌキ引っ張ってみたら、フクロウのくちばしに付いた二メーター五〇ぐらいのひもが出てきた。きっと物好きな人がいて飼っていたんだと思う。そいつが逃げて飛んでいたの、タカ襲ったんだね。そしたら、かわされて、ひも摑んでしまったんだね。そしてフクロウに飛ばれるとぐるっと回ったべ、フクロウのひもが足から首あたりからいわって（くくりついて）、両方落ちたんだべ。それをタヌキが見つけて、フクロウも量は少ないけど油のものすごく強い肉なんだね。フクロウとタカの両方も食ったんで、腹一杯にして、タヌキはそこさ寝てたんだね。

フクロウをタカが襲って、タカをタヌキが食って、そのタヌキを人間が捕ったんだね。

全部持って帰ったが、使い物にはならなかったね。矢羽根とるっていうのなら一四枚ぐらいとれたね。

——タヌキは戦前、ほとんどいなかった

タヌキは五月ごろ生むだろうな。親子を見るといっても、夜なんか子連れで歩いたりする。たぶん七月ごろまで連れて歩いているんだろう。タヌキが家族でいるというのはちょっと考えられない。雌親だけだろうな、育てるのは。

タヌキは雄と雌がどう違うのでなくって、黒っぽいやつ、白っぽいやつ、黒の毛が混じっているの、白が強いのと四、五種類あるなあ。テンみたいに綿毛の色が白とか赤とかじゃなくって、毛皮の文様に黒い毛がいろいろ入っているのだな。

タヌキは最近増えたが、今年はわりと少ない。年によって違う。なんか病気じゃないかな。急に減るなあ。今年はトウモロコシの被害もなかったし、おかしい、と思ったら少ないのだなあ。テンは登山道に糞するから、だいたい数がつかめる。今年は多いなあと思っていたら、ぜんぜんだめでね。

戦前はほとんどいなかった。ほしくてね。タヌキって、アナグマみたいに毛がやわらかくて、ほいつがふいごに使うので、えらく高く売れる。ああいうふうないると猟も面白いなんだけっど、って思ってた。

ほれがクマ狩り行って、以東《いとう》の南側の西俣の倉で二匹捕ってね。夫婦だったね。昭和六年か七年かなあ。それが初めてだな。そんな山奥で捕ったんだね。

そのころにキツネとタヌキの飼育がえらいはやっていたんだね。間沢あたりや月山沢で飼っていた人いたぞって、それ逃げたのがものすごく増えたのだ。だから、たぶんあれは飼育したやつの逃げたのが増えてきたのだと思うね。

——おれが山の中で体験した唯一不思議なこと

その年と前後して、戸立《とだて》の沢でね、山歩いてたら人間が立ったと同じに、タヌキの皮立っててよ、中身だけないの。あの、皮だけあって、肉も骨もないの。拾い上げてみたら皮ばかりでね。その季節だったらタヌキは臭くて食べないしね。肉なげて（捨てる）行ったんだったらわかるけどね。皮なげていったんじゃおかしい。背中の真ん中にトビ口でしたみたいな傷あるんだ、三カ所ぐらいな。そして、その後、大鳥さんか行って、「タヌキの皮置いたんなくなんなかったか」って聞いたけど、「大倉巻いた時に三匹一緒に歩くの遠くから眺めてたけど、捕んなかった」ってことだ。だから、イヌワシかクマタカあたりが捕ったんじゃないか、でも人立ったと同じによ、スパッとなっていたからな。

人じゃなかったら、こんな手際良くできないんじゃないかなあと思うけど、人行ってないのだから。アナグマだったら肉食うかもしれないけど、タヌキなんかとてもとても臭くてねえ。タヌキとアナグマ区別できない人なんていないしなあ。これだけだな、珍しいとか不思議なことは。他の人だと、なんか火の玉見た、何見たって言うけんど、おれは不思議なことはそれだけだ。

――エサを少なめにするとタヌキも慣れる

野生のやつは、大井沢自然博物館で三匹飼ったけど、二匹死んでしまった。三年か四年の寿命って言うけど、一匹は四年になるけどまだ生きている。

タヌキだけでなく、イタチも飼っているが今はエサ食っているからな。イタチというかイタチ科の動物はなかなか飼えないってことだけど、大町の博物館でわりと小さなオリで飼っておってね。飼ったら面白いだろう、イタチとかテンは。ミンクはどこでも飼っているからね。もしあれだったら、大井沢あたりの産業になんねえか、ってね。

テンなんかも四〇日ぐらい飼ったことあるけどね。でもなかなか慣れないね。

タヌキなんかも充分にエサ与えているとなかなか慣れなくってね。エサ少な目にすると、手からエサ取って食べたりするがね。最初は食べに来ない。

タヌキの子とアナグマの子はちょっと区別つかなくてね。タヌキの子って言うのでその勘定(つもり)でいたれば、なかなか慣れなくって、でも二カ月ぐらい飼っててとうとう死んじゃって、死んだの見たらアナグマだった。タヌキの場合、ネコと同じで梅鉢型の指だけど、あれは、人の足みたいな土踏まずがあってね。

イタチ科は気短で、ギャンギャン、ギャンギャン逃げる勘定で活動するから、やっぱり脱水状態起こすんだね。だから、イタチ科だと水充分に入れてやんねいと。タヌキだと思っていたからね。エサばかりで、タヌキだと水は一〇日に一回ぐらいでも生きているからね。タヌキだったらだいたい一カ月ぐらいすると手から取ったりするけどね。

――タヌキは三、四日エサを与えなくても死なない

動物さ飼うのは博物館とか許可を得てない人はだめだ。以前、タヌキを捕って何人も飼っていた。農家の人、狩猟法とか動物保護法とか知らないわけだから、トウモロコシ食われるのでワナかけると、その時はまだ小さい子だから、まあ殺さないで、何かかごかオリに飼って、そのまま慣れてしまったから、そっちでも、こっちでも飼ったりしてたっけ。

警察でも、農家が現行犯で捕まえたタヌキだし、どう注意したらいいかと悩んでいたらしいんだな。法的に言えば狩猟法違反で、あげらんなければならないし、でもトウモロコシ食われて、捕って、農家が飼ってんのだから、それまでできつくすべきか、なんかこう説明して放してやるか、どういう処置とったらいいかって言ってた。そんな時に狩猟者が、狩猟でなくて捕ったのを告発してしまったのだな。告発した狩猟者は鉄砲の免状の乙種しか持ってないのに内証で甲種のワナやってたもんだから、訴えられた人が逆にワナのことを訴えたんだ。もう、問題になって農家の人も皆呼び出されて、一二〇人ばかり捕まった。

とにかくタヌキが増えて、農家で困っているのだね。でも、わりとおとなしくって、捕まえるとすぐに慣れるものだから、飼いやすいのだな。エサ、どっさり与えれば、三日や四日与えなくても死なない、という条件もあるし、飼うにはいいなあ。

結局、さっきの人たちは忠告で終わったが、狩猟者で、やっぱりやってたのもおって、二〇人ばかりだね。この人らは講習受けて、狩猟法を学んだのだから免許二年停止とか、三年停止とか、はなはだしいやつは猟具を取り上げられたりね。

やっぱり最近は、狩猟法とか保護法とかで摘発されてるが、知らないで違反している人が多いのだろう。自分のトウモロコシを食われるのだから、捕って当たり前と思っている人も多いだろう。

アナグマとウサギの肉

——ウサギは雪が降りそうだと尾根に登る

ウサギはタカの羽音を聞くと恐ろしくても逃げないので、丸く編んだワラなんかを、ウサギのいるスギの木の根に投げたな。ワラがなければ細い柴、ソーッと折ってね。そいつでね、羽ばたきみたいにサッサッってやったら、ノロリと穴に入っていくね。何も投げなくってもね、音だけでね。ヒァヒァヒァヒァって音立てて捕まえた。

雪が降りそうだとウサギは事前に尾根の方に皆登っていく。だから猟やってて、ウサギが上の方ばかりいるので、明日あたり大雪降るのでねえかな、っていると、やっぱり雪が降った。雪が少ないと、だんだん食いながら下りてくる。

風になりそうだと、やっぱり谷底に寝ている。まず昼間はめったに動《いご》かないね。それから、天気がごく悪くて冷えると、やっぱり日中も出歩くね。夜だったら何が降っても動くね。一尺ぐらいの雪でも大丈夫。あんまり雪が深いと足跡が少ないのは、行動範囲が狭くって、遠くには出ないってことだね。そういう時は尾根の上だけで活動している。柴を二、三本きれいに食って、あんまり歩かない。そんなもので大丈夫だ。

――ウサギは寝る前に六、七回戻り足する。ウサギのクセだね

ウサギは気温が高くて暖かい日には、わりとのんびりしているね。でも、冷えて手足が冷たいなんていうぐらいの時は、とてもとても敏感で近づくこともできない。やっぱり気温が高いと気持ちいいんだべ、昼寝していることもある。寒いと緊張しているのかな。他の動物はそんなことない。気温とか天候とかあんまり関係ない。

今はムササビ捕りに行かないけど、やっぱりムササビなんかだと、速すぎてわかんない晩あるから、気温の関係あるのかな。いた、っと思うと、スーッと飛んで行く。追いかけて行って、ああいたなっと思うと、またスーッと飛んで行く。

この間、巻き狩りをして、七人でウサギ六一撃ったな。肘折《ひじおり》に行った時もしめたけど、なんともさんなくて（どうしようもなくて）、しゃました（もてあました）けど。

おれ、めったにウサギ狩りなんてしないけど、一人で八匹撃ったことがある。一人で捕る時は寝てんの探して撃つのだ。足跡でもわかるが、跳ね出さねいぐらいの距離に行けば、寝たなっていうの見えるから、木の根元で。

ウサギは寝る前に六、七回ぐらい同じこと繰り返す。こっち行って戻って、またこっち行って戻って、そうなるともう寝ている所には近い。そこさいなければ、陰あたりさ必ずいる。ウサギのクセだね。

クマも二回ぐらい戻り足やったの見たことあるね。テンの場合だと、真っ直ぐ行って入るのもいるが、入って出はって、入って出はって、いったい何回入ったんだろうってのもいる。

その八匹捕った時は、ウサギだって一匹何キロもあるので、四匹捕って戻ろうと思ったら、最後のところに四匹いて、それ捕ってしまったから八匹にもなった。

四匹一緒にいたといっても、親子ではなく、一〇〇メーターぐらいのところに点々と四匹寝ていたのだ。順々に撃っていっても逃げないな。クマでも、一発ぐらいだと逃げないな。

――あっ、いたな、ってそぶり見せなければ絶対に逃げない

沢底の平間《ひらま》なんかで、ウサギが寝ているわけだね。初めての人とか、あんまりほういう機会ない人だと、見つけた瞬間、「あっ!」って言ったり、どっか動作が表れるのだね。ああいたなと思っても、おれたちの場合、足も今までの歩調で行くしよ、鉄砲も急に構えたりしない。構えるのなら鉄砲下ろせる態勢をとってただ行くけどね。いたな、と思って止まって、また動き出したりすると、パーッて跳ね出すね。気にしないでダーッて近づいて行くと、だんだん、だんだん穴に入ってって、目ばり（だけ）出して見ているのだ。

そして、今度跳ね出しても、ゆうゆう撃てるという所に行ったら、鉄砲を下ろす。近いやつだと六、七メーターまで近づいても逃げない。それが途中で、あっ、いたな、ってなそぶり見せたら、もう五、六〇メーターとか一〇〇メーター以内に近づくと跳ね出すからね。こっちが気がついてないふりをしてたら逃げない。

他の動物でも同じことは言えようが、ウサギの場合は特別近づけるな。近づいてしまうと、跳ね出しても今の鉄砲なら、三〇メーター、四〇メーター有効距離あるからね、ゆうゆうだな。

――生んでから三回跳ねただけで親ウサギは行ってしまう？

ウサギが家族や夫婦でいることはめったにないね。でも大寒になると、繁殖期になるんだな。赤いオシッコする時期だな。その時期になると、やっぱりあまり離れないで一〇〇メーター以内に、雄と雌といることが常なんだね。だいたい一匹一匹だと思うけどね。

子供と親が一緒にいるのはごく短い時期だと思うな。一緒に五匹も並んで同じ場所にいるなんてちょっとの期間でね。

子供は早いやつだと彼岸だから、三月二十日ごろに生まれる。そして次々と何回も生むのだな。だから増えてくるとものすごい数になるのだな。三回ぐらいは生むべな。だから、三月に生んで、四月に生んで、五月に同じやつが生むことがある。五月ごろが一番数多く生むんだ。

どれくらい一緒にいるかだが、生んで三回跳ねただけで行くのだという人もいるけど、とにかくだいぶ大きくなっても、三、四匹一緒にいることあるから、あの期間はたぶん親が来てエサ与えているのだなあ。

昔、増えて増えてっていう時は、六、七匹も腹の中に入っていたね。今だと一、二匹しか入ってないな。食料の関係だべか。

何回も生むので、あまり子供の面倒を見ないというのだろうが、小さいのが集まっている時は親が来るのだろうと思う。このころはまだ逃げる体力もないので簡単に捕まるな。

――ウサギを飼うには生草食わせるな

このへんでも捕まえて、家で飼って大きくした人もいるね。最初は牛乳なんかで育てるのだね。でもなかなか大変だな。死んでしまうことが多い。

自然のうちは生えてる草食べているんだけど、やっぱり飼うには乾燥してて、湿ったやつはあまり与えないみたいだな。生の草も食べることは食べるが、下痢起こして死んでしまう。

上妻《あげつま》ってとこの母《かあ》ちゃんだけど、犬なんか飼っている人で、トウモロコシ食いに来たタヌキを五、六匹捕まえて大きくなるまで飼っていた。木の枝なんかも与えていたな。

林業試験所にいた大津先生って、山ウサギ飼いの世界の権威者が、「ウサギなんかいつでも白くしてみせる。日光や日照時間で変われるのよ。ウサギには生草食わせるな」って話していたそうだ。

――ウサギを撃っても毛皮は捨てて、肉だけ持ってくる
ウサギの縄張りはかなり大きく言えば沢の中とかにあるかもしれないが、広く歩き回るし、他のやつの所へも行く。

雪降ると、高原みたいな台地の、あまり急な斜面さつかないで、そこの倒れ木とかツルの中とか寝ているんだね。三月ごろになるとはあ、切り立った沢の斜面だな。雪さクレバスができると、ああいうな中さ寝ているのだね。そういう所だと木が茂ると見つけにくい。猟期のころだと木の根にいるので見つけやすい。

ここらへんの、しょっちゅう人がいる所は、谷底ずっと回って撃てる所さ出はると、その足音で姿見えなくても、やっぱり逃げたりするね。奥の、めったに人が行かない所だと立木なんかあって、そこで見つけたら、ソーッと横さ行ってかなり音しても姿を見ないと跳ね出さないな。

人の多い所は敏感になっている。そういう所はむしろ隠れないで、すぐ同じ歩調で行くと、近づいて撃てる。

ウサギなんか撃っても、今は親戚とか友だちに分けてやるぐらいだ。毛皮なんかは一枚一〇〇円ぐらいには売れるだろうが、毛がボウボウ、ボウボウして家の中まで毛になるから、誰も売らない。山から背負ってくるのも大変だから、ビニールの大きな袋持っていって、山でむいて肉だけ持ってくるのだな。毛皮も内臓も捨ててくる。

昔は肉なんか誰も買う人いなくて、毛皮が目当てだった。二五枚ぐらい捕ると、テン一匹ぐらいだった。今テンだと、加工料一万五〇〇〇円ぐらいかかって、五万円ぐらいで売るのだから、四万近い。だからウサギの毛皮は一匹一〇〇〇円か二〇〇〇円ぐらいになった。だから昔は三匹ぐらい捕れれば手間賃になる、ってな。

――ウサギの多い年だと撃ちに行く気になんねい

昔、カモシカを捕獲するためにアメリカの博物館から主任って人が来てね。「アメリカでは野ウサギは一二年を周期に増えたり、減ったりするのだ、このへんはどうか」って聞かれてね。このへんはたしかに増えたり減ったりするけど、その半分（六年）ぐらいの周期ねんかなあと、感じ受けんのだった。昭和十二年ころだ。それから二十年あたりに増えてね。そしたら去年、一昨年《おととし》あたりまで、ずっと減り続けてきたんだな。去年がっと増えてね。今年はまたそのあおりでね、だいぶいたようだな。今度は一五年ぐらい減り続けてきたのじゃないかな。去年は多かった。やっぱり今、食糧事情もいいし、始末すんの大変であまり撃ちに行かなかった。

この間、巻き狩りばり（ばかり）やってんの来て、「ウサギの撃ち方教えろ、親父」って言って、一緒に行って、この裏ちょっと回ってきて、おれ九匹撃った。でもむいたりするの大変ぐらいで、やっぱり一人ばりでウサギ撃ちに行くかなって気になんねい。

誰それ二匹しめてきたぞ、なんていう時だと、息子の忠昭とウサギ撃ちに行って、一二匹ぐらいしめてくると、村でヤンヤンって言うけど、去年みたいに多いと行く気になんねい。

——二発でウサギ一匹しめれば一人前の鉄砲撃ちだ

おれは一日にウサギ一三ぐらいは何回か撃ったことあるけど、それ以上はないな。だいたい弾は一五しか持ってないからだけどね。だから、一三ぐらい捕って、二発ぐらいはずすともう弾ないってことでね。若い人だと、ダンダン、ダンダン撃ってね。実家の長兄は一〇年ばかり前死んだけど、おれと行って、兄貴が一八ばり撃って、おれが一三なんて撃ったことあるな。兄貴は二五発ぐらい撃ったな。

まあ二発でひとつ、四発で二つとか八発で四つとかだと、まあ一人前の鉄砲撃ちだね。一〇発撃って二つなんてだと、まあヘタだなってなるんで。その日の調子もあるけどね。

今の人だったら、そうだね、一〇発にひとつか二つぐらいだろうね。クレーなんか撃たせると上手なんだけどね。実猟にかけてだと、だめだね。慣れてないというより、やっぱり娯楽で。見えるだけで撃つ。捕れる距離じゃなくても撃ってしまうということだね。

今は娯楽だし、弾も二五発二〇〇〇円だし。面白いだけで撃っているけど、おれだの時は、そいつは生活で、肉は弾代になったらいいけんどって、皮が目標でやっていたんだからね。

相当注意して、はずさないかなって撃って、四十代ぐらいな時、三六匹だかはずさないで撃って、三七四目に二発ぐらいかけたことがあったな。
でも一猟期に三六〇、ひと冬に撃ったね。弾は四〇〇ぐらいだね。皮が一五銭で採算とれていた時代だったからね。その一五銭を獲得するために、一〇だ、二〇だってしめてたんだね。肉は親戚にけたり（あげたり）して。まず、弾って、散弾と火薬だね。それになればいいのになあって、猟やっていた。

——今は飲んでばりだから、猟は運動がわりだ

今は四〇〇人ぐらい狩猟免許とるかな。西村山郡（西郡）で、かつては六〇〇人超したんだけどね。ほとんどは娯楽だね。

今は試験もあるし、なかなか取らんねい人もいる。目も良くないとだめだ。西川の事務局してる人も、目が悪くて取らんねい。甲種ってワナの方はいいのだけど。

ワナは視力に関係ないけど、もう今は少ないなあ、西郡でも一〇人くらいかな。でも試験は一緒だね。ワナとか銃が一緒だから、銃の人二〇問解答する間に、ワナと銃両方の人は四〇問ぐらい一時間に解答しなければならないから時間、間に合うかって言ってたな。

試験は五年に一回だし、銃の所持許可証は三年に一回書き替えんなんねえし、講習会もその時ある。その他、事があると年二回ぐらい銃そのものの検査がある。昔だと三人分ぐらいの銃を持っていったが、今は本人じゃないとだめだ。

今は飲んでばりだから、猟といえば歩かんなんねえから、運動にはいいな。若い連中集まれば、飲むかって始まるからね。それよりは、当たらなくても歩き回るだけ猟は体のためにはなるだろう。


——秋のアナグマは牛肉なんかよりずっとうまい

アナグマはタヌキが増えてから減ったみたい。同じ穴に冬眠しているのだから、タヌキが増えたからアナグマが減ることはないと思うんだが。最近、猟も一生懸命にやらないからだけど、先年何年ぶりかで一頭捕った。

毛皮は良くないけど、肉は一番うまいっていうね。秋から一月ぐらいまでだとうまい。春はたいしたことない。タヌキと同じで。

何でも秋はうまいけど、アナグマは特別うまい。タヌキでも秋だとうまい。牛肉なんか焼肉で食べてももの足りない。一月の終わりだと少しにおいしてくるね。二月になるともうだめだ。

——アナグマはタヌキに比べると几帳面

アナグマだと一カ所に溜め糞してるね。タヌキも同じような糞だけどね。それよく気をつけて見ると、木の葉がだあっと踏みつかって（踏みつけて）いるとこがあるん

だね、毎日何回か通うからね。そしてそこから一五メーターとか二〇メーターぐらいの内に必ず穴があるんだな。だからアナグマだかタヌキだか分かるんだね。タヌキも溜め糞するけど、アナグマみたいに正確でないんだなあ。アナグマはきれい好きなんだね。

春なんか追ってみると、行動範囲は大井沢からだと竜ガ岳あたりまでは行くね。だから七キロぐらいあるかね。戻れる所に行ってて夜になると同じ穴に戻るのだね。タヌキの場合だと、行きあたりばったりどこでも休むからね。アナグマだったら穴に入れば必ずいい穴だし、タヌキの場合は木の根でも何でも、倒れたとこでも石がちょっと動いたとこでも寝るね。

アナグマの穴はしっかりしていて、中には三カ所ぐらい部屋があることもあるので、ツルハシで掘った時もある。ここらへんは花崗岩石だからあまり深い穴はないね。どうしても岩で掘れなくって、トラバサミなど仕掛けてきて次の日捕ったりね。毎日出てくるのでね。昔はタヌキがぜんぜんいなくて、アナグマだけの時は年間一匹ぐらいずつは捕ったね。

このへんではアナグマをマミ、タヌキをムジナと呼んでいた。ムササビをムジナと言う所もあるし、アナグマをムジナと言う所もあるらしいね。

今まで二〇頭ぐらいだね。戦前も捕ったし戦後も捕ったが、最近一〇年ぐらいは捕れなくなった。タヌキが増えたからかな。

――気性荒いアナグマはなんでも食い切って逃げる

アナグマの子供は六月ごろにほかの人が拾ってきたの見たことがある。このころ子を生む。

アナグマは一貫目ぐらいのやつと、三貫目になるやつと二種類いるのではないかってね。一貫目の次に、二貫目ぐらいのいてもいいと思うのに、必ず三貫目のやつだね。色はわからないね、たくさん捕れば別だが、タヌキだと三種類、四種類、黒っぽいやつ白っぽいやつなんかがあるけどね。

タヌキの場合だと、逃げ出すぐらい元気でも、ハケゴに入れておくとクーッともしない。死んだんだなあ、って思ってるとモソモソ逃げて行くね。アナグマは気性が荒いので生きておったら、ガリガリガリ、ハケゴでも何だってかじって食い切ってしまう。刃物なんかにでもバリバリかみつくからね。

小動物たちの習性

――オコジョは臭いからネコも食べない

オコジョは何の関係で増えるのか、家のネコもこの間捕まえてきた。何匹も博物館に届くけど、だいたい冬だね。夏毛のやつはぜんぜん捕まえてこない。冬に下ってくるのだね。

あれもイタチと同じで、臭いからネコも食いはしないのだな、だから博物館あたりに届けるのだなあ。毛皮も傷がつかない。

夏は山の上に多いが、冬分でも日暮あたりさ行くと、大木の根からヒョッと出て、あの調子で出たり入ったりしている。あんまり人なんか距離あれば気にしない。ほとんどネズミを食べている。

オコジョも県から頼まれて捕った。偶然、テンに仕掛けたトラバサミ一丁にオコジョの雌、雄が一緒にかかった。一緒にじゃれながら歩いてたんだべね。十二月だね、繁殖期でもないと思うけどね。そんで、雌の方が少し小さいってわかったんだね。

――イイズナはいないと思っていたが……

「イイズナはいない。あんなの架空の動物だ」って言っていたら、去年ね、山に明るい人なんだけど「姥沢《うばさわ》と月山の歩道橋の分かれで休憩していたら、夏毛のオコジョが出てきたってね。そして今度、山行き（山寄り）の所に腰掛けたら、それより大きいオコジョが出て来たけど、あれは何だろう」と電話もらったけどね、考え変えないとだめかもね。

オコジョは山イタチ、イイズナはコエゾイタチって言ってひと回り大きいからね。もしかしたらそれがイイズナかもしれないな。おれはイイズナはいないと思っていたがね。

――カモシカは秋のマタギが捕りつくした

昔はカモシカを猟で捕っていたので、毛皮は靴や蓑《みの》に使ったらしい。非常に暖かくていい毛皮だったって聞いた。おれの時はもう捕ったり撃ったりできなかった。

大正の末ごろから昭和の初めに、秋のマタギが犬連れて来て、ひと春に四〇頭も五〇頭も捕ったので、朝日連峰のカモシカは減ったのだと。角を魚釣りのカツオの擬餌《ぎじ》鉤《ばり》に使ったので高価だったということだな。

だから昔はクマ狩りの時、八久和の上流や西俣で見ただけだったが、捕獲禁止になってどんどん増えて、今はどこにでもいる。でも最近になって、繁殖がストップしているのか増えないな。大井沢では畑の物食ったりしない。

――カモシカの寝所を「アオの馬屋」と呼んでいた

子供は普通一頭で、一年ぐらいは親カモシカが連れて歩いている。子連れ以外は一頭で歩いているが、たまに子連れと一緒になり三頭の時もあるので夫婦だろうか。あいつらは弱い動物だから、エサを食べ終わると、安全な所に逃げて、食べかえしているようだ。暑い時に川に入って、水浴びしているのを釣りに行って見たことあるなあ。

細い木によく角をこすっている。何回か断崖の大木に角をこすっているの見たことがある。鳴くこともある。普通は山羊のように鳴くが、驚くとカケスのようにギャーギャーと鳴くのを何回も聞いた。

冬、カモシカは表層雪崩がおっかないから、吹きさらしの柴の出てる所に陣どっているわけだ。そして一カ所に寝るくせあるんだね。何十センチにもなった青い氷に蹄とか膝の跡ついて、置物みたいに寝ていたね。他の所は吹きさらしだけど、だんだんだんだん体温で雪が解けて立派な台ができてるんだね。あんなのよほど山歩く人でないと見かけないね。猟師などは「アオの馬屋」と呼んでいた。そして彼岸ころになると遠出するんだね。

糞は谷間なんかにしているが、相当の重量だね。一回にやるのか、何回か来てやるのかわからないけど。

縄張り意識が強いのか、追われて田植えしている所まで逃げてきたことがある。日《ひ》暮《ぐれ》の小屋で雪下ろしの時に、追いつ追われつやっていたので、声かけたがぜんぜん気にしないみたいで一日中追い回していた。

――カワウソの足跡だけは見たことある

昭和二十七、八年に、二ツ石の陰でカワウソの足跡を見た。クマ狩りに行ったんだけど新雪があってね、それにムササビの足跡みたいにツバメのシッポ引いたみたいにして、出谷の濁流に跳び込んでいた。ムササビの足跡よりちょっと大きいくらいで、水カキなんかはわからなかったね。

その前の、昭和二十四、五年天狗から出谷に釣りに行った人が、出谷から下一〇〇メーターくらいに大きな淵があって、そこに行ったら、流れもないような所に渦巻があって、イワナの大きなのが跳ねたのだろうって。大急ぎで竿に糸つけていたら、なんかテンみたいなのが向こうの岩に上って、ああテンだなあって思ったら、川に跳び込んで出てこなかったたってね。昭和二十五年に山形県で捕れたとも聞いた。

――ネコだと思ってカワウソを捕り逃がした

もちろん姿は見たことないし、捕ったこともない。ある人が板でイタチの「落とし」かけてね。田んぼの水路のわきにかけたら、ネコみたいなのがかかってたって言うんだね。だからどっかのネコ殺すと困るなあと思ってワラワラ（急いで）板取ったら、水路にザブンと飛び込んで出てこなかったたってね。カワウソじゃないかって、ネコだったら絶対に水さ潜らないし、イタチだったら小さくてわかるし、テンだって水さ潜らないしね。大正の末ごろだべかな。

そのころだったら、コイを生けすで飼ってるのカワウソにやられたとか、上の水路に入ってあとわかんないって鉄砲撃ちさ騒いでいたからね。

昔はいたんだね。カワウソ大井沢で見かけたら、根子のゼンダナの岩の下さ行って待ってると必ずしめたものだ、なんて話あるんだな。ねぐらでもあったんだべな。

日暮の途中のちょっと上りになってて岩盤切り取って、そして橋架かってまた下りになるとこあるね。あそこの岩盤の下の所だね。雨はあたらないけど大きな淵ではな

いがね。大井沢に来たやつは、必ずそこでしめた（捕まえた）らしいね。明治時代だろうな。

──イタチは雄が雌にエサを運ぶ

イタチは雄イタチが活動している時は雌イタチはめったに出てこない。雄がネズミとか小鳥とか捕って運ぶので、穴の中にいて地上に出てこない。また子供育てている時も。

でも雄を捕りつくすと、雌もネズミを捕ったり活動する。子供もめったに見ない。夏分一〇匹も子供を連れ、水路なんかでゴチャゴチャしているの、田の草取りの時に見たことがある。それ以外は見たことない、六月末ごろだった。

子育て中だけでなく、常にも雄が雌の所にエサを運んでいる。秋あたりでも。雄がいなくなると雌が出てくる。雌が見えると、もうここに雄イタチさっぱりいないのだなって、ワナ仕掛ける時思ってた。雌は非常に小さいので、足跡も小さく、雄と同じ型で二つずつポンポンとつく。でも歩幅は雄並で三〇センチぐらい。テンだと雪の深い時は狭いこともあるが、普通だと四〇センチか五〇センチもある。

──月の輪みたい白い文様が入ったイタチ

イタチの毛皮はそう色は変わらないけど、月の輪みたいに、大きく白いの入っているやつなんかいるね。去年のやつなんか色がそろわなくって、白い所スッポリ切ってよこしたけどね。何枚か合わせて襟巻作ると、文様が合わないらしい。でも白い文様が入っている方がかえってきれいみたいだけどね。チョウセンイタチも混じっているがわからないがね。

以前皮買いの人が、水イタチいねいかって聞いていた。何でも、平野部には水イタチって言って、綿毛のないイタチがいるそうだ。

どうしても水田に農薬使うようになってから、イタチの数が減っているね。昆虫とか、小魚とか、ネズミとかそういうたぐいのものがどうしても農薬で減るからね。ハクビシンは昔はいなかったが、今はいる。飼ってたコイ食われて、ネコかイタチだろうって言ってたら、ハクビシンだった。エサは人間食うものだったら何でも食うって言ってた。

ミンクは間沢あたりまで時折見るって言うけど、大井沢では見たことない。寒河江の白岩あたりにはだいぶ前からミンク増えてきているって言っておったけど、だんだんに入ってきているんだね。

——サルは三面にいっぱいいるのに、大井沢にはめったに来ない

サルはあまり来ないなあ、離れたやつ、一匹だけだとたまに来る。小朝日あたりだと一五匹ぐらいの群れがいたっけとか、皿淵《さらぶち》で三〇匹ぐらいいるの見たって聞いたことがある。こっちにはめったに来ない。

三面《みおもて》に入れば、いっぱいいる。糞もいっぱいあるしね。撃ったことはないね。小国の末沢にもいる。釣りに行って見たし、魚釣りしていると、サルが後ろから川に石投げて邪魔するとか聞いたし、出てきて果物盗むので、捕獲許可取ったが、誰も気持ち悪くて撃たなかったってね。

三面にいて、大井沢側にいないのは、出羽の三紀層って、大昔海底まで沈んでいたから、そこらへんの峠あたりハマグリの化石が出たりする。何らかの力で隆起して、二度も繰り返したので、隆起する時日本海の波で洗われたのでねいかっての、向こうはものすごく岩穴が多いのだな。そこでサル一五〇匹も二〇〇匹も一緒に休める場所があるのだなあ。こちらはそんな場所がないので生活できないのだろう。

——田麦俣で四〇匹ぐらいの群れを見た

この間、隣組で庄内さ遊びに行って帰る時、田麦俣で四〇匹ぐらい見た。一五匹ぐらいの群れとその奥に二五匹ぐらいの群れ二つ分かれておったんだけどな。最初に斜面横切っているのカモシカだと思って車止めたら、木の上にいっぱいサルがいてね。通りがかる車さ合図して見せたが、誰も見つけねいで行ってしまった。

夕方テレビで一五匹ぐらいの群れ見つけたなんて言ったが四〇匹ぐらいおったんだっけ。一匹ならたまに出てくるが群れだと珍しいね。

大井沢の方は一匹だけだね。古寺の方さで見たとか、スギの木に登っていたので、学校さ行って呼ばったら、一年生なんかあれあれと言ってるうちに逃げたなんて。それから桧原あたりの吊り橋にいたり、本道寺に一週間ほどいたって、吊り橋のワイヤー渡ってたとか言ってた。

――リスは勤勉な人でないと捕れない

リスは今は弾代ぐらいしかならないのでおれは捕らないけど、狩猟獣になってるし、やっぱり初めて狩猟免許取った人なんかね、撃ったりするだろうけど。

リスは勤勉な人でないとだめだ。夜明けちょっと前から朝飯ぐらいまで行動して、あとは巣に戻って寝るからな。日中はあんまり跳ねて歩かない。それから夕方また暗くなる時ちょっと活動する。

秋のうちクルミとかクリとかを、木の穴とか太い枝の間とかに隠してあるのだね。それを食べているのだね。冬眠はしないので、毎日いくらか行動している。

――凍っても、温度が上がると這い出すヤマネ

ヤマネだと、炭焼きするあたりで秋見かけた。あれ摂氏七度ぐらいになると心臓の動きが鈍くなるんだね、だから行動も鈍くなる。そして、一度から零度で仮死状態の冬眠で、木の上あたりにいると落ちてきて雪入って、カチンカチンに凍っても、また温度さ上がると這い出す。カチンカチンに凍っているの懐さなんか入れて暖かくするとまた動き出す。

――コウモリの血を塗ると毛が生える？

このへんでも最近はほとんど夜飛ぶのなんか見かけなくなった。自分ら小さい時、靴なんか上げてやると、間違って靴の中さ入るなんて、よくコウモリ飛んでくると上げたりしたもんだけどね。入ったことはないが、変にヘラッとやるんだね。

今だと古寺あたりで学者連中が行って研究するぐらいで、見ないな。古川房吉さんなんかだとメリケン粉袋に入れて半分ぐらいしめてきて、それを焼いて食べたなんて言うけどね。おれは食べたことはない。

コウモリの生血をハゲに塗ると毛が生えるってこと言うんだね。血なんて少ししかないのにね。こんな小さくてね。

目がないなんて言うけど、朝方、古寺鉱泉のすぐ上に小さな穴あるのに、ヘラヘラって来てスーッと入るから目がないなんてちょっと感じられないね。

――足跡見れば何の動物かわかる

キツネの足跡は指がはっきり四本になっているからねえ。真ん中の二本が雪をスーッとやるくせがあるのですぐわかるし、タヌキかキツネかというのはキツネの踵は正三角形、タヌキの場合は梅鉢型に指がつくしね。

歩き方も特徴がある。ウサギなんかとよく似ていたけど、前がずれていたからね、跳んだとこでも、ウサギはあんなずらして絶対につかない。必ず並んで前足つく。真っ直ぐ歩く時は一線上に両足つくし、タヌキは一線を真ん中にして両側についていくしね。

リスはイタチに似てるけど、やっぱり四足一緒に、めったにイタチみたい二つずつつかないで、四足でポンポン、ポンポンポンって。

タヌキはちょっとの間だと四足で跳ねるけど、あまり長い間ではない。

ハクビシンの場合はテンの跡に似ているが、イタチの跡をテンの跡みたいに大きくしたのだね。足にいくつものイボがあるね。それがつくし、必ず四足一緒につく、それに相当な傾斜の岩場でも真っ直ぐ歩いているので、ハクビシンだとすぐわかる。

イタチはテンと同じ歩き方して、やっぱり跳ねる時は四足一緒だけど、大きさでわかるね。

リスの場合は両方とも横に並ぶ。

アナグマだったら、ものすごい鋭い爪の跡ついて、人のように土踏まずがあって、踵があってね。

遠くから見てはわかりにくいが、だいたい何だかわかる。大きさとか爪の跡とか見れば間違えることはない。一回、ウサギの歩いたあと、雨が降って、クマの跡と間違えて連中さ教えて、行ってみたらウサギだったたってことがあったけどね。

古い跡でもわかる。どこと言っても言えないがやっぱり数見てるからね。見れば何の足跡だかわかる。

――県立博物館に展示されている動物はほとんどおれが捕った

県の博物館整備する時依頼されて、クマタカを捕った。枯木に止まっていたのを偶然見つけて捕ったのだ。オコジョとかモモンガ、キツネなどほとんど県立博物館のはおれが捕ってやった。

県内にはほかに捕る人はあまりいない。狩猟許可出すと県立博物館や県民の森だと一年間有効出るのだなあ、ほかの人だと猟期の前あたり堤さ行ってカモいっぱいいるの撃って、おれは許可あるのだってやらかすし、ほかの人さ迷惑かけるのだなあ。県民の森の時など、あそこにいた連中に許可出したらいいべって言ったらだめだってね。

――オリンピック選手用の矢羽根を頼まれたけど捕らなかった

矢羽根にいいやつだとクマタカだね。矢に一番いいのが高かったんだろうね。文様がいいとかいうのでなく、真っ直ぐに進むのがいいのだね。風切羽ではだめで尾羽がいい、練習用だと翼の羽も使うけどね。ただバンバン撃つやつだともったいなくってね。東京オリンピックの前なんか、警察とか保護課通じてね、オリンピックの選手用の矢羽根なんだからタカ捕ってくれって言われたけど、捕らなかったけどね。

普通の競技だと使わないが、オリンピックみたいだとタカ使うんだろうね。尾羽の中でも真ん中の何本かが本当にいいのだろう。尾羽はワシは一二枚だけどタカは一四枚だね。トンビなんかでも練習だったら大丈夫だろう、ワシタカ科だから。イヌワシでもいいのだろうが、大きいからいいのではないって言ってたな。だいたいテンと同じ値だったが、めったに捕れないな。

捕ったのは、クマタカ、ノスリ、オオタカ、サシバぐらいだなあ。

――ノスリがなついちゃってね。おれを見ると飛んで迎えに来た

ノスリの子三羽捕ったのいらないかってもらって、一羽育てたのなついちゃってね。おれが田で仕事している間、ノスリは一日中田んぼで遊び歩いて、田んぼの帰りに柴なんて背負って来たもんだけど、それに止まって一緒に帰った。

七、八〇〇メーターも先の木に止まっていると、あそこさ止まっているんだぞって見ていて、木の枝など持って呼んだって来なくて、ドジョウの生きたの持ってピーピーなんて呼んだら、サーッと来てよ、目がいいのだね。だから大井沢の人でないと知らないから、ノスリをタカだと思って、たまげていたね。夏に丸首シャツ一枚に止まったって痛くなくって、でもいつまでもエサなどやらねいとチッと触るのね。子供ら危なくてね。当時は山さ二週間も泊まり込みで道刈りに行った。そして帰ったらノスリ来ないはあ、と言っているうちにやっぱり帰ってこなくなった。

最初は箱に入れて飼ってたがあとは放し飼いだった。ノスリでも近くで見ると大きいのだなあ。春の田植えごろ、五月二十日ごろにもらったけど、田の草とりするころは放し飼いで、おれが山の方から帰って来て家さ見える所まで来ると、飛んで迎えに来た。かわいいものだね。エサはドジョウとかカエルとかで、自分で捕れるようになると帰って来なくなった。

——オオタカやクマタカに比べ、イヌワシはめったにいない

オオタカだと頭の上低く飛んでいくやつさ捕った。クマタカは枯木の上だった。イヌワシは捕ったことない。ここの博物館のイヌワシはワナにかかったとか、昭和二十六、七年に朝日町の西五百川で捕れたもので、西五百川の小学校に寄付したのだが、こだな天然記念物無断で捕って罰せられる、っていうので大井沢のクマの剥製と交換

したらしい。イヌワシなんてめったにいるものでない。

クマタカだと吹雪なんかで荒れたあとだと、腹すかしてか、モサンとして電柱の上ぐらいに止まって動かないことあるんだ。

オオタカは数少ない。飛んでいるのだと、サシバとかノスリとかあまり違わないけんど、尾羽が若干小さく見えるんだ。ハイタカだと小さいからね。朝日の頂上付近でよく見るね。だいたいクマタカだと二月末か三月の初めに卵生むからね。二月や三月は一番見つけやすいのだね。卵抱くようになると、あんまり巣さ行ったり来たりしなくなるからね。

クマタカの巣は何回か見たことある。木の上さいいあんばいに巣作って、綿みたいなファーッとした子がいてね、先生らが見たいなんて行って、ちょうどブナの木がそばにあってね、そいつジャガジャガ上っていくと巣のけぞるのだね。

そしたら親鳥が五、六〇〇メーター向こうに、ピーピピーピ鳴きながら旋回しているのだね。そんで手もかけないで、二、三メーター離れて見るだけで帰ったのだが、その次に行ったらいないんだなあ、どっかに移したんだかねえ。クマタカのヒナはニワトリの一羽以上の大きさあるからね、そう簡単に運べない。まさか危険だから殺すわけでもあるまいし、人が捕ったんではない。

学術総合調査の時も、クマタカ捕りたいって、調査の先生がなんとか捕れないか捕れないか、って言ったけど、反対側の斜面さ巣作ってね。上手な人なら登れる木だけど、絶対あだな木登る人いない、ってとうとう捕らないでヒナ飛び立たせたけどね。先生捕りたくて捕りたくてね。

ああゆう先生さ許可があるから、バンバンバンバン、バンバンバンバンって皆撃つので、しゃくにさわるくらいだったなあ。

ヒタキの類は藪の中スーって飛ぶし、ウグイスは藪の中小きざみにチョッチョッチョッて飛ぶし、キツツキやセグロセキレイはフウーッと波型に飛ぶし、ヒバリとかビンズイみたいのはピピピッピァーと飛ぶのいるし、だいたい大きく分類できるけどね。

――オジロワシやクマタカはウサギを捕まえる

オジロワシだと思うけど、木さ止まってキャンキャンキャンキャンって鳴いて、イヌワシも鳴くけどちょっと鳴き方も違うし、尾羽の所白いみたいでね。おら行って、ずっと高い尾根越してスバーッて飛んできたら、何か手さ紙切れ持ったみたいな感じしたのよ、何かたがって（つかんで）いたね、って言ったら、ヒラヒラヒラって落ちてきて、二〇〇メーター先にスポッと落ちたらウサギよ。あれウサギだって、ワラワラ（急いで）行ってみたらまだ生きてたけよね。雪さ入ったから逃げ出せねいでいて、あわてるほどの距離じゃないのだが落としたのだね。もう捕まえには来なかった。

オジロワシはたまには来る。渡りの時期だ。遅い時だと五月の十日か十五日ごろ、わりと低く北の方へズーッと飛んで行くね。止まったりはしない。そのウサギ拾った時だけだね、木さ止まってキャンキャンって大空向いて鳴いていたの。

イヌワシはクマタカによく似ている。ヤマドリなんか捕まえた時、鳴くのはクマタカとほとんど変わらないね。ピーピピーピって。

家にいたら、けたたましい勢いでピーピピーピってクマタカ鳴くから、河原まで行ったら、川の向こうの谷間さヤマドリのメンドリ捕まえて食べていた。そしておれ行って手などたたいたら、ファーッて飛んで、そしたらクマタカじゃなくてイヌワシよ、エサ不足するとここまで出てくるのだね。

クマタカは人がいても平気で、上の方で旋回していて、ウサギの三〇〇メーター、四〇〇メーター先で待っていて逃げたウサギを捕まえているね。

斉藤さんがウサギ狩りに行ったら、目の前にクマタカがいてね、ウサギ、三つか四つ集めていたっけ、って言ってたけど、本当かどうか。

——ちょっとやそっとで鳥と友だちになんてなれない

先年の九月ごろ、大井沢の学校の探鳥会で、大雨降りで表には出はれないぐらいで、おれも暇だったから行ってみた。「何で探鳥会するのや」って聞いたら、鳥の声録音したテープでするのだって。「でもテープの声はさえずりで、今ごろは地鳴きだから探鳥会にならないのじゃないか」なんて余計なこと言ってよ。

生徒も少ないので、先生が忠儀さんに一人一問ずつ聞きたいこと聞けってね。そしたら、「何で小鳥逃げんのだや」って聞くので、「いい質問だ。カナダあたりへ写真家が行って、飛ばないようにと離れて撮っていたら、カナダの人にもっと近くで撮りなさいって言われた。普通日本では卵見れば捕る、ヒナ見れば捕る、そういうこと長く繰り返して来たから、鳥たちも警戒してるんだな。ヘビだ、って見つけた瞬間ドキッとするの、我々の先祖が大昔、は虫類に悩まされたことあるから、その本能が頭さ残っているのと同じで、生徒さんは探鳥会して、鳥驚かすな、とかエサ台作ってとかしているけど、ちょっとやそっとで鳥と友だちになれない。お前たちの先祖が悪いので取り返しつかないんだ」って言ってきたけどね。

第四章　山の番人

遭難は常識外の行動から

——風雪で四人一緒に亡くなった

遭難と言えば、仙台の山想会と野村證券の富沢さんの四人《よったり》一緒に亡くなった。十一月末だった。大朝日の小屋から一六〇〇メーターぐらい小朝日の方に来てだね。山想会の人が三人亡くなったね。富沢さんはあそこの沢に雪崩てね。山想会は年末年始の荷上げの時だった。会社勤めで日程がないから、古寺鉱泉に泊まって、上げてからまたそこまで帰らないと間に合わないってね。無理して日帰りしたのが原因だし、一緒に出た富沢さんってのが、雪山に慣れていないから遅れて、おそらく小朝日の階段のとこで風をよけて前進できなかった。でも、連中引き返して来たから、安心して立ち上がったかなんかで、風にあおられて雪崩れたみたいになったんでないかな。

遭難現場にはリュックがきちんと並べて置いてあってね。そのわきに富沢さんが使っていたスキーのストックと、野村證券が秋に運動会の賞品に出した手ぬぐいが置いてあった。山想会の人が、目の前で雪崩落ちるのを見て助けに行って、捜し当てられなくってストックと手ぬぐいを拾った。そして荷物を置いた所まで戻ったけど、風が強く、たった一六〇メーターだけど大朝日の小屋まで行けない、下れないってね、雪洞やったみたいだね。

そこで雪洞を掘る道具がないから、一人が掘ってあとの二人が立っている間にはあ、凍え死にして、あとの一人だけは雪洞に入ったらしい。軍隊のテント一間四方ぐらいの下に敷いて、切りモチだかチョコレートなんかヤッケの横のポケットに入れて、皮製の裏に毛のついた手袋を右わきに置いていた。そして体温で尻の方が下って足の方が高いくらいになって、左手を真っ直ぐに伸ばし死んでいた。酸素が少なくなって、窒息するかなあと思って、入り口を開けたのだけど立ち上がる気力がなかったんねえかと思うね。

――三人は救助のために体力をなくした

山想会の三人だけなら帰れたと思うね。あそこはあと二〇〇メーターすれば下って、風も当たらなくなるからね。古寺山と小朝日の間にダケカンバの太いのがあるね。あそこで新潟の人が富沢さんを抜いている。その時、「天気が悪いので帰るはあ」と言っていた。

結局、新潟の人が二人と山想会の人が三人で五人もが行った。富沢さんはその足跡を追って、帰ろうかと思ったけどまた前進したのだと思うね。新潟の人は山想会の人と一緒ぐらいに小屋に着いて、泊まれとすすめたのだけど、彼らは会社に出勤さんなんねえと、出発したのだな。で新潟の人は、小国さ下りる予定だったけど、あまり荒れるので、次の日古寺鉱泉に引き返して来て、倒れていた二人を見ている。それで二人が死亡していると知らせたのだ。

古寺鉱泉は大江町ださけ、大江の山岳会が中心になって、警察とか、医者先生とか、一二人が救助に向かったのだな。

おれは家のラジオでそのニュースを聞いて、古寺鉱泉まで行ってみた。その時は大江に小さな警察の派出所があって、次長さんが来ていて、山岳会とかベテラン連中ばり救助に登ったんだからと言ってたんだね。あとで消防団が来るので一緒に行って見てくれと言われた。消防団は雪山なのにハッピとモモヒキだったが、それでも古寺山まで行ったがね。前方も見えないし、先に行ける状態でもないし、消防団の連中を帰して、警察の連中四人とおれで夕方まで残ったが、帰ってこないのだ。

ベテラン連中だから小屋にでも泊まったんだろうとほかの人は言うのだけど、警察は無線機持って行ってね。行動中はあの吹雪でとても交信できないけど、小屋からだと山形や寒河江にでもできる。それがないというと一応二重遭難も考えねえとね。でも向こうの連中は大丈夫だあ、鉱泉の親父も息子も行っているし、大朝日の小屋さ行っているのだと話していた。

――救助隊も危うく二重遭難だった

次の朝、「もし今日の昼までに連中と会えないと、完全に二重遭難だから消防団では心細い。大江、朝日、それに西川の山の経験ある人でも集めて、救助に向かわないとむずかしいだろう」と言って出たら、一一時四五分に連中と合流してね、一二人のうちカンジキはたった半分だけで一足の片方だけしかなかった。皆なくしてしまっていてね。

遺体のすぐそばまで行っているのだから、小屋まで二〇〇メーターのとこで引き返す時に銀玉水まで来れなくて、回っているのだ。あの尾根を下山する人は黒俣の方が断崖だという頭がある。そこでどうしても左に寄りながらぐるっと回って、金玉水のキャンプ場まで行ったけどわからなくて、とても無理だと思ったらしい。案内した新潟の人がかなりのベテランで、その人の指示で雪洞掘るのにカンジキで掘ったのだが、ほとんどのカンジキはそのまま埋まってしまったんだろう。

――人が倒れてるあたりから人だまが飛んだ

無線機などもそのままになって、次の日、命からがら出発して来たのだなあ。そして夜明けに人だまが飛んだ、火の玉が飛んだというのだなあ。ちょうど亡くなった山想会の人が倒れてるあたりから。医者先生も警察の人も、山岳会の人も見ている、だからかなり信じられる人ばかり見ているのだなあ。

吹雪のちょっと晴れ間に、古寺鉱泉の方に向かって火の玉が飛んだのだ。古寺鉱泉の息子さんは凍傷にかかっていてね。まあ、おらだと合流した時は四人ぐらいが倒れた状態だった。そして鉱泉までの下山は二重遭難とはいえないが、ひどい状態だった。

帰って古寺の親父さんは、明日は古寺の山までキャンプを進めて、次の日に熊越まで行って収容しないとだめだということだった。おれの意見は、明日の早朝出発して一日で収容する方法だった。それでも天気が悪ければキャンプで進めるような状態になるかもしれない。でもとにかく今の装備ではだめだから、七人分くらい冬登山の装備を貸してほしいと言った。消防団も泊まっていて、地元の人は雪に強いから、向こうのOBの連中に七人分の装備を貸してもらった。

次の日、警察三名と消防団六名とおれとでまず先行した。その日は天気は良く、風は強かった。現場に行ってみると、風で周りの雪がさらわれて、遺体がコタツよりも高く、台さ上げたみたいにして残っていた。そして遺体を動かすと吹っ飛ばされるかと思ったが、消防団の連中なんか、「おらだ、凍死してしまう、こんなだめだ」と言ってね。おれはその時、隊長みたいにして行ってたから、「こだな天気、山では常なんだ」って大きなこと言ってね。飛ぶと悪いから遺体さ一応ザイルをつけてから動かしたら、一〇センチぐらいの穴があった。そしてそこから三〇センチぐらい奥にこぶしが見えた。「二人じゃない、三人だ」と掘り出したら、窒息死だなあとはっきりわかる状態だった。

その時はもうひとりは見つからなかった。小屋に戻ってないかと捜したし、すぐに銀玉水のとこまでそのまま滑らせて、ザイルをつけて、柴ゾリ作って古寺鉱泉まで下ろした。

遭難した所は奥の院より一五〇メーターくらい小屋寄りだった。あそこは夏でもカタカタとちょっと下がる所があるね。冬も階段つくのだなあ。あそこから急に風が強くなると、立って歩けないほどになるのだな。

富沢さんは春になって捜したが見つからず、八月二日に大江の連中がY字雪渓のちょうど上あたりで発見した。十一月二十六日に遭難して、八月三日に小屋の前で火葬した。

そうだね、たしかに富沢さんを助けようとして二重遭難したのだね。でも結局見ていないしね、おれの想像だしね。あの三人は大朝日の小屋出発して一六〇メーターで、ビバークする状態でもないのだから、あそこまで下ってくればもう奥の院まではたいした所なくて、ちょっと吹きさらしだけど岩のとこまで来れば風は吹かないし、かわいそうなことをした。

――ビンタの一つでもとらないと死ぬ

柏崎山岳会が十月十三日に遭難した。その日は初雪で、五人パーティが大鳥から登って大朝日の小屋で一人、中岳で一人死んだ。おれはタッチしてないが、小屋で死んだ人は到着して「大変だったね」とみんなに迎えられたものだから、安心してそこで倒れてしまったんだね。
三、四年前、ものすごい台風の夜十時頃に女の子二人と男で、見附川登りしたのだけど、雨で登れなくなって、清太岩《せいたいいわ》に登って小屋にたどりついたのだね。それが荷物下ろす気力もないんだな。これは危ないなあと思って「夜の夜中までこんな嵐に行動するなんて、朝日に入る資格ないのだ」とはっぱをかけてやった。そしたら「大丈夫、大丈夫」ってリュック下ろさんねえんだなあ。でも怒られたものだから何とかしたようだ。

西川山岳会の人が小屋に泊まっていたのだな。そして、「えらいごしゃく（怒る）もんだなあ」って言っていた。実際ね、すぐリュック下ろしたり、手伝ったりしたいけど、そうするとかえって死ぬことがあるからね。

怒られると、かえって何とかなるものだ。柏崎山岳会だって、二五キログらいのリュック背負って来ているのだからね。だから、何だ今ごろまで、って具合にやるといいのだが、何パーティもいて、ほれほれ（大切に）やったものだからね死んでしまった。本当に疲れていたとすれば、少し気合でもかけてやんねえと。

何してかというと、大井沢あたりはね、昔は峠を越して行き来してたんだけどね、たいがい吹雪で凍死したというと、部落の見える向かいの山岸がほとんどなんだな。峠を越えて来れば風もなくなるのだな。それが部落の灯が見えると、安心して倒れるのだね。だから昔からあまり甘い言葉をかけるな、ビンタの一つでもとってやらないと死ぬ、と教えられてきたからね。

――遭難者は常識外のことをする

遭難なんてのは、常識外のことをしなければないのだけど、キノコ採りなんかで二年に一回くらいはある。

ちょうど遭難対策委員会の規定が変わってね、警察署長の指示なくして出動した場合は保険が効かない、なんて時代があってね。それでも人の命は時間の問題で、遭難したらすぐ出かけたいがね。

その夜の捜索依頼は、古寺の斜面に入った五人のうちひとりが、お昼の約束に帰らなかったので八時まで捜していたが見つからなかった、と来たのだね。真っ暗な晩で今にも雨が降りそうだった。捜索隊はそこの山さどこに放しても大丈夫というのばり(ばかり)六人集めた。

いなくなった人は年寄りで、山を越すのは無理だろうし、川を渡れば車道があるのだし、そこにはヌンザって本流に沿ったみたいな沢があるのだね。これに滝が三つあって、ここは岩場で、ひとつ落ちると登っていかんなくなるのだなあ。そこだろうというので上から三人、下から三人入ったんだね。

おれ、下流から入って第一の滝にぶつかって、そこは回っても行けるのだな。そしたら、「こだな回り道あるのだから、そっちさ行ったらいい」っていうわけだね。「いや待て、遭難は歩かれねい所さ入ったから出はってこない可能性があるのだから、おまえら二人回り道行って上さ待ってろ。俺は登ってみるから」とちょうどこの天井ぐらいのを登り上げたのだな。そしてちょっと見たら顔が見えているんだね。山形の人で名前も聞いていたので、「誰それさんでねえか」と言うと、「んだ」ってね。それ二〇〇メーター先でも懐中電灯で登ってくるのが見えているんだね。それで、助けてくれ、とか、ホーとかひと声も出さないのだな、どうしてか、ちょっと考えられないねえ。

そいで、上に向かって大きな声で、「発見した」と叫んだら皆集まって来たね。聞いてみると、ひとつの滝さ落ちて登んなくなってしまった。滝ツボに途中から落ちて、マッチも何もびしょぬれだったね。そしてここまで来たけど、下の滝暗くて、下りられなくてそこにいたのだけどね。何で声出さなかったのだべかね。

――救助に行ったら生け花用の木を折っていた

月山で遭難したんだね。警察の連中行ったら、その人の服だか人相だかに似た人が、木おだり（折って）していてね。だから、「お前誰それさんじゃねいか」と言うと、「んだ」って言うんだ。「あれだけほーほーってさなっているのに、何して返事しないのだ。木おだって何するのや」と言うと「あまり格好いいので、生け花さ使おうかなと思っていた」ってね。とても考えられないね。でもこんなこと特別じゃないな。

――捜索は常識外の所も捜さなくてはならない

根子沢にキノコ採りに行って、ちょうど最後の開拓の橋から入った。古寺のすぐ裏山になっているのだね。

雨降りで、「十一時までに帰るべな」と車から降りたんだな。それも五人くらいで。ひとりが十時半頃会ったんだな、それで、「そろそろ帰るべえ」と言ったら、「ありゃ、おれハケゴ落としてきた」って根子川の方に行ったんだな。夕方になっても帰らないのだなあ。暗くなって、そいつ連絡もらって出動したのだな。

その時根子川が増水しているのだね。おそらく、こっちにハケゴ捜しに戻ったのだから、根子川さ、渡られなくなっているのだろうって。そしたら、古寺から電話が入って、発見したってね。普通の人だったら、古寺さはその現場から四〇分だったら、だいたい道路さ出はっているんだね。そいつが出はってない、こっちさ入った連中は会ってないし、こっちさ戻ったのだったら根子川だと、根子川ばり捜していたんだ。古寺はたった二人だけ行っていた。

その人、雨降りでウロウロしたので現場がわからなくなったんだな。そこで少し高い木登ったら家が見えた。それは鉱泉の屋根だったんだな。あそこは、沢が前にあるので渡るのは増水していて大変だったらしいな。その手前の造林地で暗くなってとても助けを呼べなかった。カッパを着ていたのでそのまま横になったが、二〇分ぐらいしたら、とても寒くていても立ってもいられなくなって足踏みしていたら、呼び子が聞こえたというんだね。ひと声だけ立てたけど、あとはさなれなかった。それを捜していた人が、この道歩いていて、立木が倒れて橋になり、川渡ったりしていた所だったんで、よく見ていたんだな。本当に運のいい人だ。

遭難の時は常識外のとこも捜さなんねんだ。その人は、雪も降ってきたし、あの呼び子が聞こえなければ、明日までもたなかったもんだと言っていた。

山の遭難は初雪のころが多いのだな。関東や関西ではまだまだ夏山だからな。こっちじゃ、十月十三日いえばだいたい初雪が降るからな。多い日は一メーターも降る。春は雪崩に注意しななんねいけど、月山や鳥海と違って尾根や沢がはっきりしているので、雪で道を間違える心配はない。

でもどこにでも遭難はある。朝日鉱泉に湯治に行っても助けたことがある。

朝日俣に釣りに行って崖登る危険なとこあるね。あそこ、向こうからの登りの下が淵になっていて、えらい深いんだね。そのころはまだサクラマスが上ったのだね、魚止めなんかの淵に潜ってマス突きしていた連中が山回るより泳いだ方が早いので、そこ下ったのだね。絵をかきに来た美術学校の女の子がそれを見ていて、連中行ったんだから自分も行けると思って入った。川の流れが強くって、淵の真ん中で立ったままで、おれがそこ来たら、女の子が流されそうなんだね。ゾウリだかセッタだかたがって（持って）、絵かく道具たがっているのだね。そこ歩けないから戻れ、とおれ言ったが、戻れなくってね。最後に大声で助けてくれ、って言うんで、助けたんだけど。いよいよなれば、泳げる人なら何もかも捨てて、下まで流れて助かったのだけどな。前の三人が通ったんだから行けると思ったのだろう。なんでもない所でも遭難するものだ。

——遭難したら動かない方がいい

大きく天気がくずれるのは予報でわかるから、荒れそうだったら登らないことだね。それに捜す方から言うと、遭難ってわかってからは、あまり動かれるとちっと困るね。何年か前の春だったか、福島の人が朝日縦走していたが、予定になっても帰らないので、そこの山小屋でも見てくれ、って警察の方が来てね。大鳥池から下って大鳥部落に出て、帰るのが昨日だったというんだな。それだったら、大鳥小屋から出て、夏分は吊り橋架けているけど冬ははずしているんでそこは通れないし、雪解けで川は渡れないから、一時間半ぐらい引き返して孤穴から天狗のコースとるか、あるいは本当の山やる人だったら、大鳥小屋から茶畑山通って、皿淵の方に出てくるんだし、とにかく大鳥口から捜してみないとだめだな、ヘリコプターででも捜すとわかるのでないか、と言った。

自衛隊のヘリコプターが出てくれてね。そしたら、福島の人たちラジオを持っていたので、捜索隊が出るというのを聞いて、ああ動かない方がいいなあって、七ツ滝でキャンプしていた。だからすぐに発見できた。そこの渡渉点見てくれって自衛隊に言っていたからね。救助隊が出たとわかれば動かない方がいい。今は軽いラジオが出ているので、朝日に入るなら、ラジオくらい持ってきた方がいいなあ。

——年齢の低い人の方がエチケットを知っている

最近の登山者は食料から変わっているね。終戦直後、東京方面の登山者でも、ひと り当たり二合を炊いてもものの足りなかったけど、今は一合平均で間に合うということは、常に副食で栄養はとっているということだね。

朝日が国立公園になった当時だと、指導標を確認するため大鳥から入って大朝日まで来ても、さっぱり人に会わないのが、今は何十人、何百人と会うんだからね。まあ、金玉水のキャンプ場だけでも一〇〇人もいる。その中には質の悪いのもいるが、案外中学生でも、我々が藪に捨ててしまうような果物の皮まで丹念にゴミ袋に入れて持ち帰っているのもいるし。

年齢の低い人がわりとしっかりしている。四十歳とか五十歳の人は昔のこと知っているからね、どうも良くない。

昔なんかはほとんど捨てて、ゴミをリュックに入れるってのは、おそらくいなかったね。

――昔はハイマツで飯炊いた

昔はラジウスとかそういうやつ発達してないから、軍隊で使った飯ごうがまだ登山用具店で売られていたしね。飯ごうだと焚火とか多かったね。そのへんの枝を切ってきたり、枯枝とか集めてきたりしてね。ナタなんか持っていてね。

とくに飯豊は神社庁の敷地だから、公園部の方の木を伐採して、翌年焚くためにハイマツなんか乾燥しておった。昭和三十年ごろまではそんなんだった。

天狗小屋は、薪ストーブ置いてあってブナ林に枯枝がずいぶん多かったな。今は焚火で米飯炊いているなんて見られないけどね。

――ナタでクマと格闘したらかえってやられる

山へ行く時持って行くのは、着替えひと通りと、酒は飲まないからだけど飲み物とか果物とか、本当に必要な食料だけだね、一般の人を見ていると、山でぜいたくするみたいだけど、山は山で、帰ってからするようにしたらどうかね。

ナタなんかいつも持っては行かない。ナタはできたら持って行かない方がいい。よその人だと、いつもナタ持っていて、クマが出ればナタないと、って言うけんど、ナタで格闘したらかえってやられるもんな。野菜切る小さなナイフだけだな。大きな山になると、マッチとロウソクぐらいは持つ。ロウソクはちょっと雨が降った時、焚きつけにいい。マッチだと何秒かで燃えてしまうけど、ロウソクにつければ細い枝なんか乾いて、火がつくぐらいまでになるからね。

雨具は離されないね（必要だね）、朝日では。ほかの山に行くと、暑くて雨降ってくるとちょうどいいなんて、裸で雨にうたれている人がいるけど、朝日の場合は降ったら、やっぱり雨具つけないとさっそく寒くなってくるからね。

水筒は自分はぜんぜん使わないけどね、もし患者なんかいると必要だからね。

――まな板と包丁二丁持ってバテてた

西朝日から大朝日に公園巡視した時、竜門の小屋から出て、頂上から西朝日の方にちょっと入った。たいがいの人は、道をはさんで上の方に休むのが常識だが、その人下の方に休んでいるんだ。結局ひっくり返っているんだね。

「こんにちは」って通って行ったけど返答もないしね。一〇メーターほど行ったけど何か変だなあと思って引き返して、「どうしたの」って聞くと、「歩けそうもないはあ」ってね。「荷物背負ってやるから休んだら縦走できるのか」って聞いたら、「もう下山するはあ」ってね。そんで見たら、荷物が四〇キロばり（ばかり）ある。それ背負ってくる体力だったら空身なら簡単に下れると思ったんだね。「おれが荷物背負ってけるから、こっから日暮に下ったら一番早い」って言ったけど、四〇キロ背負ってきた人が荷物持たなくても歩かれないんだね。

そしたら、長袖にチョッキ着てね、夏の暑いのによくそんなもの着て、中に半袖丸首も着てね、そんなのみな脱いでしまえってね。

準備がいいっていうか魔法瓶を二つ吊っているんだね。片方はお茶でもう一方はコーヒーでね。それから、まな板なんかばっちりしていて、包丁が二丁ぐらいで板前さんみたいでね、本格的な包丁二丁もね。

とにかく丸首ひとつになれって言うと、山の上は長袖で、なんて言ってたけど、だめだって水飲ませてなんとか日暮まで来て、家まで送った。それでも何か変だから、町立病院まで行ったら、脱水状態で心臓まで行くとだめだったって言われてね。あんまり汗出したから、脱水したんだね。ギリギリだったね。

あんまり山登ったことない人だね。四〇キロなんで無理だものね。本当に必要なものだけでいいのに、板前さんの道具、ガッチリした本場のまな板背負って来るんだものね。

――ウメボシは災難除け

登山食はわりと目方なくって、充分に機能を果たすやつ出ているけどね。飲む人だとウイスキーとか、果物なんかも山で食うのはおいしいには違いないけど。非常食かねてビスケットみたいなのを持つこともあるけどね。おれはオニギリぐらいだね。

おれは酸っぱいもの好きではないが、オニギリにはウメボシを入れる。ウメボシは獲物が捕れなくなる、なんてほかの所では言うが、大井沢では災難除けの方で、どこでもウメボシを入れる。

だからほかの方から鉄砲撃ちに来ると、「いや、ウメボシ入れてか」って言われるんだなあ。釣りの人なんかも、黙っていたけんど、釣りの時は入れねいんだって言った人もいたなあ。

山小屋にはナイフだのまな板もだいたい備えているからね。

燃料は、今は便利だから、ガスを使うけどね。その前は、各小屋さ、石油コンロ置いたことあったがね。冬になると壊されてだめなんだね。翌夏行く時、壊れていると悪いみたいで背負って行かなくてなんねいから、いっそガスにした方がとね。荷物なんて少ないのにこしたことはないなあ。

予測できない雪崩

――雪崩は小さな雪が転げるようになるとすぐ来る

雪崩の場合は、小さな生き物が転げるとか、ビチンとか音がするとかね。ダアーッて来ることはめったにない。小さな雪が転げるようになったらもうすぐに来るね。やはり雪崩は重なっているから、まれには大きな雪も来るしね。ブロックで来ることもある。底雪崩だね。

その年の雪のやわらかさによってえらい違うけど、だいたい来る時はわかる。平らみたいな所でもバーッと来ることとあるし、いくつに重なりあっても雪の硬い時はなかなか落ちないしね。春の状態で違ってくるのだ。

おっかない思いもしたことがある。ウサギ狩りで一回底雪崩に遭った。ウサギ撃って追いかけて行ったら、障子ガ岳の直下だから長い斜面がある。大きな薄っぺらい雪が車輪転がしたみたいに来た。雪崩より何メーターか早く来たんだね。甲岳と砂窪沢《すなくぼさわ》の合流点を駆け逃げて、向かいの斜面さ上れるだけ上ったら、四メーターぐらい後ろまでダァーッて来た。あれ転がらずに、雪崩の先端が来ていたらダダーッて完全にやられてた。タイヤ転がしみたいにすごいスピードで、雪崩から抜け出してきたんだね。見た瞬間逃げたのだ。ギリギリだった。

――雪崩でブナの根がねじり切れた

八久和の雪調査入って、天狗小屋で荒れ始めた日も、曇り時々晴れぐらいの天気予報でよ。無風状態だけど雲は鉛色で山鳴りするし、「何か荒れてきそうな、ちょっと危険なんねか（危険じゃないですか）」って言った。安斉徹先生や伊藤敬さんって東北大山岳部の冬山のベテランや、気象台のえらい人ばり（ばかり）いたんだね。安斉先生あたりはやめよう、って言うかと思っていたら、「なるだけ午前中に切り上がるようにしましょう」って十一時ごろに終わらした。だけど内ノ島から天狗に登るとこ、おっかないぐらいバンバン、バンバン吹いてね。小屋に来たら、食料など荷上げしてもらう人、あとのパーティ来なければ遭難だったけ、って言ってってね。それから一週間は雪に降られて出られないのだね、吹雪だね。

八日目に快晴になったんだね。そして今日だけ休みましょうって言ったら、どうしても出谷の台地さ行ってテント張る、って言うんだね。表層雪崩がとても危険だから午前中は行動したらだめだ、って言ったんだね。大丈夫だった。金山さんて山大（山形大学）の山岳部長がアルバイトに来ていたの、下りたくって下りたくってね。だから最初沢下る予定だったけど尾根を下った。一五分ぐらい下ったら、バーンって三メーターぐらい下に、一メーター四〇ぐらいの厚さで表層雪崩だね。そして一時、谷ぜんぜん見えなくなった。雪煙だね。その後ひと抱えもあるブナの木ねじり切れているのよ。これだから沢下れないのよ。尾根から一歩だって出はって悪い、って全員戻って来た。

こんな天気だとだいたい昼までに落《おっこ》ってくれね。雪が縮少する時雪崩が出てくるんだね。長い間雪が降って晴れた日だと、斜面でなくても、このへん歩いてもビーンって音するのだ。

やっぱりこういう日は行動しないことだね。それに斜面さは絶対に下りられないね。この時も下りていたら終わりだった。死体も見つからなくって、雪解けてから岩井沢口あたり流れついたね。連中は実際の経験ないからわからないんだね。地元の連中もこんなこと初めてだと言っていた。

おれは畑場峰から小朝日の斜面で見たが、何秒かの間にすんでに沢底まで、バァーンってものすごいスピードなんだね。真空になるとかいうのも本当だね。

――川底の直径二メーターの石を上げた

大赤沢口にある沢から三〇メーターぐらい高い台地に雪崩乗り上げたのだったら何とも思わないけどね。一番驚いたのは、川底の直径二メーターぐらいの石を四つ五つ上げてきているのだね。どんな作用するのかね。対岸はたしかに長い斜面だけどね。むしろ川が埋まってその上走ってくるはずだけど、底の石を上げてやってくるんだね。反対に三、四〇センチの表層雪崩だと、雪ベラ（雪かきに使用するしゃもじのような板）ガッチリ体の前について、そいつで雪崩が裂けて流されなかった、って聞いたことある。ものすごいスピードだから、ちょっとして割れると、ヘラに当たらないうちに割れていく気するもんね。

まあ雪ベラでも持っていた方がいいが、とにかく危ない時歩かないことだね。実際目の前で起こらなくても、春先のカチカチに凍った時行っても、昔の表層雪崩の跡があるからね、これくらい危険だって、こんなとこまで来るのかなあって。

だいたい雪崩のつく所は決まっている。日本山岳会のエベレスト登山の下準備で、会議した時、ヒマラヤでもアルプスでも、午後の六時、七時が最も頻繁に雪崩出るというのだな。そのころしか雪崩なくって、朝や午前中ないのだなんて街の方さ伝わってきているんだね。雪崩の下さ登山者休憩してて、危ないって注意すると、午前中は出ませんよ、なんてやらかされるのでよ。

カンカンって凍っている日にも、雪崩発生しているのおれ二、三度見ているんだね。むしろ下の水が凍って体積増して、上の雪持ち上げられて、バランス崩れて落ちてくるみたいだね。普通は暖かい日の方が雪崩は多いけどね。

植村直己さんなんか来ていて山の話なんかしたけどね、雪崩はいくらキャリアがあってもね。この時もヒマラヤで、斜面から一キロ半も離れてテント張っていた所に岩が飛んできてガイドが死んだって言っていた。スケールが違うんだね。何百メーターもデンと一気に落ちる雪崩もあるって言うんだ。ああ雪崩だ、というんで、リュックからカメラ出して写して間に合う雪崩までいろいろだね。

朝日でそんなに大きい雪崩、こっち側では見られないね。新潟側では多分かなりの雪崩つくけどね。向こう側が急だからね。でもあんまり急だと、ドンと落ちて雪崩にならない。

大井沢ではクマ撃ちしてて雪崩で死んだ人はいないが、カモシカ捕りでは死んでいるな。カモシカ捕りは雪の深い日選んで谷底ずっと踏み固めて、雪ベラの大きいやつたがって待ってて、上から追い下ろしたんだと。ものすごく雪深いから、下さ来た時カモシカへたばったの。その雪踏み固めたの横切る時、走って行ってたたいたとか、それで表層雪崩さ巻き込まれたとか。天気が良いからって、障子越して、出谷あたりさ行って引き返す時荒れて、雪穴で二人助かって残りは皆死んだなんてね。荒れると何日も続くからね。

――一緒に行った人が怪我をしたことない

クマ狩りを予定して山に泊まったことあるけど、それ以外はない。疲れて帰られないとか、時間かかりすぎで暗くなったとか、そういうことはまったくない。

クマ撃ちなんかでも、誰かがバテてなんてこともないな。いつも自分が先頭で歩くわけでもないが、そんなことは一度もない。

不思議なことに、調査だなんだって一緒にいろいろな人と行ったけど、おれと行って怪我したなんてのは、ぜんぜんいないんだな。ねんざしたなんてのもいないしね。

未然に防いだことはある。中田さんの遭難の時、五月ごろの調査で、沢の水で底は雪がかなり消えてピッケルの折れたの発見したんだね。かなりの衝撃を受けたのだね。その時のリーダーは山岳部出身の梅津先生だったけどな。沢の残雪の穴の中を捜したいって。「そこの雪穴の口までギリギリで中には絶対だめだ」ってね。そして遭難した中田さんの兄さんもとにかく梅津さん行った所まで行って中を眺めて帰ってきた。二〇メーターぐらい離れて、こういう状態の時、人の話し声でも、響いて落ちることあるし、鉄砲なんか撃つと雪崩になることあるのんだって話し終わったら、ダアーッて沢の残雪が落ちてきた。見た連中が青くなってたっけね。雪の穴の中に入ってたら死んでいたね。

だいたいこれくらい消えれば雪崩になるなあ、ってのがわかるべね。

――何にもこだわらないし、不思議なものも見てない

あまり神様にはこだわらない。神様いないなんて言わないけど、神様にお願いしてとかいうことはないね。

だから、戦前はクマ狩りの相談中にお産の話や山のサルの話なんかえらい嫌ったりとか、後ろ通るとクマにも後ろ通られるからって、山小屋では前通るとかいろんなことあったけど、おれはいっさいかまわない。終戦後は、戦前やっていた人が皆クマ狩りやめてね。新たに編成した時、いっさいそんなことこだわらなかった。

何も感じない。夜も遭難だってので、十一時ごろから夜通し歩いて現場に行ったりしているけど、不思議なものもぜんぜん見ていない。

山の神様は大日寺《だいにちじ》跡にあるけど、通った時は頭を下げるけど、クマ狩り行くからお参りして、なんてことはない。もちろん大朝日岳でも行けば拝むけど、それだけだ。

――見ていないから信じないが、見れば信じる

昔から多くの人は山で不思議なことに出会ったり、いろいろ経験するみたいだけど、変なこと言うなあ、と話を聞いている。

自分は一度も火の玉も変なものも見たことはない。キツネにばかされたなんて言う人もいるね。でも見たことないからと言って、そんなことはまったくないとも感じないけどね。自分は見ていないから信じないだけで、見れば信じるだろう。

戦争なんかでも、部隊の連中が弾に当たったり、吹っ飛んだりしているの見ているし、夜中に部落に入って死んだ人がいたっけ、っていうこと何回もあったけどぜんぜん感じない。

夜中に一人で歩いていても、ばったりクマに会ったら困るなあって、声さ立てたりするけどね。夜だからといっても平気だ。

息子なんか、やっぱり、竜門小屋あたりにいて誰もいないと困っているけどね。

他の人みたいに、死体だから背負うのはだめだとかいうこともない。

獣の霊なんかも感じないなあ。ウサギもひと冬で三〇〇も四〇〇も撃ったことがあるし、クマも四二頭、グループでは二〇〇頭は超している。テンだって二、三〇〇以上は撃っている。ほかの人よりたくさん撃っているがそれはない。

——勘なんかでは動物は捕れない。経験だね

勘で撃ったり、見つけたりすることはない。天候とか、山に出て、一頭か二頭跳ね出せば、今日はこういうとこだなあ、っていうので歩くのでね。

この間もウサギ五匹ばり（ばかり）捕って、鉄砲と空のハケゴ（かご）だけ持ってのぞいたら、ウサギ柴の下に穴掘って寝ているんだね。だから、棒きれ投げただけでも捕れるけど、跳ね出さないから撃ったら、その投げたので他のウサギもひるんで跳ね出さなかった。それ撃って弾詰め替えたらまた跳ね出して、一カ所で六匹撃った。

勘で見つけるのではなく、ちゃんと根拠がある。気配っていうのもない。

クマ狩りに行って、クマの通るとこ知っているからよその人より早く見つけるだけだね。勘ではない。

勘なんかでは動物は捕れない。経験だね。偶然なんかでもない。

今年も、ワナは十二月一日から一月いっぱいだけどね、十二月中一頭も捕れなかった。今年犬を飼っていてその手袋でワナを触ったから、犬のかおりだった。何にでも原因はある。

いろいろ猟のうまい人に出会ったが、そんな人はだいたいそんなもの信じていなかった。ただね、クマ撃ちに行くね、そうすると鼻先でカラスなんかが、ガアガアガア騒ぐと必ずクマと出会うんだなあ。だから、カラス見ると今日はクマ出るぞ、なんてね。それだけは勘っていうかね。でもカラスがクマをキャッチして騒いでいるのかどっちかわかんねい。これは不思議だな。

でも、トンビなんかはクマなんかといると、急降下していたずらしているからね。そういう飛び方していたら気を付けろよ、と連中にも言ってるけどね。

――孫には勘っていうのがあるね

孫が「今日父ちゃんとこクマ来る」と言ってたら本当に来たことあるし、おれが出谷さマイタケ採りに行くって言えば「クマいたぞ」って孫が言うんだ。出谷さ行った時はさなり（叫び）ながら行くんだけど、マイタケ採って沢下ったら、クマいて、すぐに川飛び込んで逃げて行った。ごく近いとこにいたんだね。

「今度ナメコ採り行くからな」と孫に言うと、「鉄砲持って行け」ってよ。そしたら一二、三メーターで親子のクマいた。鉄砲持っていたら楽に撃てたね。

なんか勘って言うのかね。でもこの孫も、テンなんかしめて（仕留めて）くると、おらだもっと喜んだものだが、むっつりだね。上手な鉄砲撃ちになるだろうか。子供の時から本当に好きだといま少し喜ぶだろうな。

危機に瀕する原生林

――ブナの豊作で動物が増える

ブナの豊作は四、五年に一回ぐらいかな。ブナの実なると、ものすごい野ネズミ繁殖して、エサにしているテンとかイタチとかヘビとかが増えてくる。だから周期的に増えたり減ったりしている。

昨年もブナの実豊作だった。秋にはまだネズミも多くなかったが、冬になって山に行くと足跡をものすごいつけてる。植林かじったり被害がおっかないね。来年の冬越しが大変なんだね。昨年のブナは大豊作だった。なり過ぎたから実入らないかと思ってたが実入りもいい。

ブナの実拾いに出かけると三回ぐらい雨に降られて、それも一日中やっている暇もなくって二時間ぐらいだ。一個ずつ拾うが、一回月山道路に行ったら、ばあちゃんなんかガラガラ落葉やゴミごと集めて、家に帰って実だけ集めたら、その方が一〇倍ぐらいあった。そしたら同じように、志津あたりでは皆集めて来て、夜仕事にゴミ出しているね。キロ五〇〇〇円で引受けてきて、集める暇なくって困っている人がいたので、二キロくらい売ったな。一キロで一升ぐらいか、拾う人ならおれのばあちゃんなんかで三キロぐらいかな。それくらいが相場だべね。乾燥すれば軽くなるからね。

天気のいい時雪山に行って、太い木から次の木へ細い線がついてるが、ネズミの足跡でやっとこのごろ見えてきた。ネズミは体力つけて子を生んで、その子が育って子を生むぐらいにならないと、ああ増えたなあって感じを受けないからね。まだ地面に充分ブナの実あるから大丈夫だが、翌年になると建物にも入って来てフトンをやられたりするね。

――山菜採りに入山規制はいらない

最初から入山規制には反対だった。先に立っている人が強烈に規制、規制って騒いじゃってね。登山者と同じで、数が多ければ根こそぎ採ったりするやつもいるということで、春先にはナメコの原木を運んで行く者もいるしね。程度の悪いのもいるね。おれの家なんかは、泊まりのお客さんばっかりだけど、山荘さんあたり、釣り堀開放していて、次の日曜から取り締まりなんかってやると、売り上げで一日何十万ばかり違うもんな。平日ではそんな入らないけど、日曜は違ってくる。むしろ入った人が、山菜採ったの調べられたりしたら損だって、素通りして帰ってしまう。だからそんなに被害ないし、規制なんかなくていい。

最盛期の天気のいい日曜日だと、二〇〇台ぐらいの車が入るね。日暮沢あたりまでどこまでも入るけどね。あきらめて道端で弁当広げているね。

人間の考えなんて皆同じで、これだけ先に人が入ったら山さ入ったって山菜採れないって、観測所あたりで弁当広げて食っていくだけで、青物（山菜）さっぱり採ってないね。それが入山一人一〇〇〇円だっていうと、奥の方まで入ってきて、「入山料取ってるのに地元の人も採るなんてとんでもない」ってごじゃかれて。かえって余計に採られるのだなあ。

入山規制して人が来ないし、山菜伸びているかと思っていると違うんだな。

――レジャーだと思えば採れなくても弁当食べて帰る

規制しているから誰もかれも入らないから採れるぞって、探すのだなあ。皆が入っているからだめだなあと思うのとは違う。レジャーだと思えば、採れなくても弁当でも食べて帰るのだが、入山料一〇〇〇円払えばどうしても欲が出る。

レジャーだと楽しめばいい。釣りだって来るけど、釣った量で採算とれるってとんでもない、そんなもの。汽車賃から自家用車から、埼玉や東京から飛ばして来ているのだから。一匹何千円にもなる。中には三人来て一匹も釣れないなんているのだから。地元の商店なんかでは山さ来る人たちは一銭も持って来ない、って言うけど、一万や二万持ってくるだろうが車で来るからにはジュースやサイダーだったら積んでくるしよ。だから特産品を売りさばく考えしないとだめだなあ。どっちみち、大井沢だけの人口では暮らせない所なんだから、人入ってもらうこと考えないとね。

入山料徴収する人もいるので、人件費も赤字みたいで、朝早くから立っても何だかんだ来る人に言われて、「おれしないはあ」って言っているな。

キノコの時期でも、日曜日だと立ったりしているね。でも姿見ると帰っていくから、陰にいたりしている。結局いろんなことあって、中には林野の方を覚えているのがいて、こうだああだ文句を言われて皆嫌がっている。平成二年現在は入山料は取ってない。

――一〇年間伐ったら朝日の大木はなくなる

大井沢は宿坊で、車が発達して月山へは山形回りになった時期には、養蚕、マユだけでなく糸、織物まで加工していたんだね。その後炭焼きだけどね。でも人造の糸ができたり、今度はプロパンガスとか石油に変わったり、ナメコ栽培とかになったけどね、ちょうどうんと盛りだったころ、東北中央レクリエーション緑地開発が来てね。

建設省から来て、「志津や月山沢の景観だったら東京の周辺なりどこの県にも何カ所かあるが、なぜここを指定したかというと、朝日という奥座敷があるからだ」と説明した。奥座敷ていうのは朝日の原生林を指している。玄関を建てた時点で、奥座敷がなくなったっていうのでは、レクリエーション基地に指定した価値がなくなる。だいぶ伐っているようだけど、ってね。

ナメコの栽培が四十五年には、米の生産と同じ量農協だけで入れているんだね。これは宿坊、養蚕に変わる産業になっていた。その時秩父連峰でものすごく林野庁が伐り過ぎるって運動始まったり、秋田営林局でも遠からず東北に及んで来るのだろうって、今まで残しておいた道端まで四年間ぐらいで全部計画区域なんだね。伐採の終わった時点で、ナメコ栽培すると言えば竜ガ岳の陰とか鳥原付近からブナの原木持ってこらんなんねい。

それでは困ると営林署に行った。緑地開発で半永久的に生活できるんじゃないかと思っているのは、原生保護で四十四年新全総(新全国総合開発計画)でやってきたしね。指定されるのも原生林があるので、原生林がなくなれば価値がないってはっきり言っているんだな。いったい今の伐採量で何年間伐れる計画あんのか、って言ったら、一〇年間伐ったら朝日の頂上まで大木はなくなるぐらいの量を伐っていた。

――守らんない段階まで来ている

だから、伐採中止の運動やらないと、って言うと、営林署自体が壁にぶつかるのじゃないかと心配しているってなことまで出てね。それで古寺の渡辺一美先生に相談したら、やっぱり守らんない段階まで来ているのだって。富山の千寿ガ原の自然保護の大会に行ったわけだね。そして村井先生、木内さんとその時初めて対面したんだね。朝日ってのは東北では有数のブナの原生林で、しかも世界的にも東洋の美観はブナ林だって言われてるんで守るべきだって。それには行政、政治的におさぐ（止めさせる）方法もあるけど、地元が運動を組織だって始めることが大切だ、と言われてきて、ブナを守る会を組織した。ちょうど大石武一さんが環境庁長官で陳情やったりなんかから始まったんだね。

――源のブナの原木がなくなってしまえば終わりだ

一番のきっかけはナメコ栽培もできなくなる。緑地開発、レクリエーション基地の方は伐れば指定する価値がないんだから。大井沢がその時は指定になってなくて候補地だった。今は低成長で延期らしいけどね。

鉄砲が撃てなくなるとか、猟ができなくなるとか獣が減るとかで反対したのでない。朝日は原生林保護で手を加えないと言われた時、それには賛成だけど山麓も、ということになると山麓の町村が生きていかんなくなんねいか、ってなんで、知事のとこに話したことがある。

結局、大井沢にとってナメコ栽培は収入面で大きかったからね。その源のブナの原木がなくなってしまえば終わりだからね。

その時、小国で集落統合なんて出始めたからね。だから小国の二の舞になんのかって。こういう山奥の集落を、みんな小国付近に下げたからね。明治大学の浦和教授の指導で、一集落三〇〇戸以上なら、一家族四人平均に数えて一二〇〇人だとすると、学校ひとつ、公民館ひとつ、診療所ひとつで負担が全国並なんだってね。それより少ないってのは、負担が多過ぎて生活できないので集落統合の指導して歩いたんだね。

ここはその当時は二四〇ぐらい、現在は一六〇ぐらい、それもひと家族二人の人が大半で五五〇人ぐらいだ。若干減っているね、昭和四十八年の元旦には五八〇人いたね。入ってくる人はいないね。分家建てたというのもないね。別荘が二軒ぐらいかな。

ブナがあれば猟やったって獣残るわけだしね。スギになると実をつけないし、下の植生も変わってくるわけだしね。植物、動物に皆異変をきたしてくるわけだね。葉が落ちて堆積すればその間に昆虫が発生するし、プランクトンもわく。スギの場合だとほとんど他の動物の生きる余地がないみたいだね。特殊なコガネムシだと大発生するけどね。むしろ、野ネズミが増えたというので殺そ剤をまいたり、虫が繁殖したといえば殺虫剤をまかれたりするだけだ。

――若者は鶴岡に寿司食いに行く

生活程度は向上したっていうか、便利になったね。大井沢自体、中村に役場があって根子あたりから来ると一時間だけど、やっぱり途中知っている人がいると、「こんにちは」って立ち話をすると半日は費やしたんだね。今は一時間あれば、寒河江、谷地あたり、天童近くまで行ってしまうからね。

昔は大変だった、病人なんか出れば部落総出で、ソリに乗せて引っ張ったりでね。今は働くのはこっちで、遊びに行くんだったら寒河江に行く。ここはちょうど鶴岡も寒河江も同じでね。我々なんかだと寒河江が近いように思うけど、若い連中なんか鶴岡の方にむしろ出ていくんだな。寿司食いに行くか、なんて言うと寒河江あたりだと高いからね。鶴岡は海に近いから魚も新鮮だし、月山新道だと寒河江方面より混まないし。だけど鶴岡の方が事件がないからスピード違反で上げられる率多いんだな。

だから何もそっくり出て行かなくても、おれの本家建設業だけど、そこに一〇人ぐらい寒河江あたりから来ているのもいるしね。過疎でというか、寒河江ダム建設時代出て行った人の生活状況チェックしてみると、大井沢の価値っていうのわかってくると思うけどね。ここで充分の生活していた人が出て行ってかえって大変だという話も時々聞くしね。

――大井沢は五〇戸になっても基地として残さんなんねい

あの過疎集落統合の権威者の浦和教授が何を考えたか、「スキーやんない関係か月山、志津いいとこだと感じなかったけど、大井沢っていいとこだ」と言ったね。そして、地理とか地形的に見ても三〇〇戸が集落の存在する単位だけども、大井沢は五〇戸になっても基地として残さないといけない所だと、そんなこと発言していたね。日大の丸田先生ってレクリエーション専門の先生が来て、「弓張平みたいだったら東京近くにいくらでもあるが、とくにこういう場所、施設にしたいんだ」ってこと言っていたっけからね。

大規模レクは国土庁とか建設省の担当で、環境庁って開発止める方だが、来て見て、レクリエーション基地としては最高だろうって言っているんだな。日本海で清浄化された空気は、朝日連峰のほとんど人が住んでいない原生林を通ってきて、酸素一〇〇パーセントだから。

またクロスカントリーのツアーコース作ろうと思ってたら、議員が理解できなくてほかになってしまった。（水資源関係の補助で）地元の負担のない道路でそれができると、八キロぐらいで一周でき、正式コースでも二度回れば一六キロぐらいでね。そうすると、ヤマドリは飛び出すし、ノウサギは飛び出すし、リスがいるし、他の蔵王コースと比べものにならないんねかって。

そこは民地で、最初に国有林なんか手かけずに、炭焼きしたもんだから二次林がかなりよく残っている。標高が五〇〇から六〇〇メーターだからね。

だけど今、大井沢に製材所がないから、スギの木一〇本ぐらい道にかかるの（邪魔になる木）伐っても、業者さ売るのに金つけてやんねいくらいだね。だから山なんか持っていてしょないって。〝おしん〟のロケコースにずいぶん人が見に入ったから、そこだけぐらいユリとかアヤメとかミズバショウとか季節の花全部植えて公園化したらいいって、若い連中ぜんぜん助成受けないで三〇〇万ぐらい投じてやっているんだね。

地主ら賛成して無償でさせてるんだね。だから拡張するというんであれば、その周辺ら皆過剰植林だってな感じ受けているんだね。そこはすべて雑木とスギも若干あるけどね、雑木が大面積だね。なんとかなればいいけど。

――七十三歳でクマ一頭撃った

ここ三年間は、雪が少なくて、クマ狩りがなかなかできなかった。許可頭数は捕れているけど、結局クマが散らばっているのだね。どこでも寝所があるので、捕りにくかったが、ものすごくクマ増えているので、今年みたいに大雪になれば、春にも雪残るのでかなり捕れるのではないか。

去年は雪が少なくてだめだけど、その年初めてなので一四人集まった。七人ぐらいで巻けるの二班に分かれて行ったら両方で捕れたね、一日で。

その後もう雪なくて、藪こぎが大変だから、誰も行きたがらなかった時、鉄砲上手なの二人だけで出かけて、六頭ぐらいおったうちの一番小さいの捕れた。

二人ともライフルでね。最初、立前に上り、二人で巻いたがどうしても捕れなくって、親子三頭がトウノスから高松に移動するの見つけた。追っていくうち大きなの見つけていつもの巻場で巻いたが、うまくなくって、高松の方に下って小さなの見つけて夕方近く捕った。

その前撃ったのも、この人たちでよ。まだまだ若い人は撃てないな。

その前の年だけど、この年も雪が少なくて、許可が下りるのも遅くって、五月十五日にやっと許可が下りた。もう若葉が出ていてね。

いつも雪の上で撃つのだけど、もう藪でね。連中、藪で自信がないので、おれ立前さ行かされた。若葉出ると障害物が多いのでむずかしいのだなあ。

おれも五〇パーセントぐらいしか自信なかったけど、勢子にトランシーバー貸してやって持って行かなかったが、その日は雷で雨降ってね。でも勢子がものすごい強くて大声出しているので、クマいるなあと待っていたらいきなりガサッと出て来たので撃った。

上に立っていた人「おれのとこに来ると思ってたけど親父が一発撃ったら、クマさどこさも行かねい(必ず死ぬ)のだ」って。

七十三歳で撃った。今、七十四歳で、四二頭だ。大鳥で聞いた名人は、七十二ではずしてやめたって言っていたな。

おれが入ると不思議に、クマあそこにいた、どうしたらいいのだと必ず相談くるのだね。前方にいなくても。でももう何人かはおれより上手だ。でも若い連中がいないんだな。息子も二、三年行かないしね。

鉄砲撃つ人皆五十歳以上だしね。日曜とか休みに行くのだから、若い人も混じれるのに鉄砲をする人減っているのかな。

今年も、大井沢川や見附、荒沢ぐらいだったら行ってみたい気がするけど、それ以上奥だと自信ないね。救助隊で、のびてるの見てるからね。おれがのびたら格好悪いしね。万一ってあるからね。

昔なんか、赤見堂越して行く時、「おれはもう五十一だ。四十二超すとこわくて（疲れる）」ってね。弁当背負ってくれたり、上着なんか背負ってくれたり「ごだいなったら（こうなったら）、クマしめさんねいなあ」って思っていたけど、五十一なんていつか過ぎたしね。もう七十四歳だ。

——好きでやってきたのでこれで良かった

だんだん山の奥にクマ撃ちだ、ゼンマイ採りだと入る人が減っているね。出谷の奥なんか、クマの巻き狩りする場所知っている人がいるのだろうか。山を知らないと、遭難した場合捜しようがない。捜索隊が行ったことがないのじゃ。

警察なんか、朝日連峰で遭難した時は会議なんかすることない、志田さんにまかせろはあ、ってね。だったら、こうやれ、こうしろってやってね、百発百中ぐらいだったからね。

山と一緒に生活してきたが、好きでやってきたのでこれで良かったのでねいべか。あまり人に使われて、ああしろこうしろ言われるの好きでない。我勝手な人間だから、これで良かったんでねいかと思う。

クマ撃ちでも、ゼンマイ採りでも、自分は指示もするのだけど、実際自分も先頭になって行ってしたので皆喜んで聞いてくれたのでは、と思う。

クマ撃ちだって、前方でも、鳴り込みでもできるから皆が信用してくれるんだと思う。

ここでは、ああしたらこうするとか、ここに逃げたらどうするとか、最後の集結の場所まで指示するから、連中がほかさ行くとこ巻くのだ、お前あそこに行ってろ、ってそれだけだから。おっかなくて山一緒に歩かれないって言っていた。

自分撃つより、撃ったことない人撃った時の方がうれしい。うまく指揮して、その通りに初めての人の所にクマが行って、捕った時などが一番面白い。

最近山を生活の場にする人が減ってしまっているし、寒河江ダムもできていろいろ生活も変わってきたが、頑張って残してきた大井沢の自然は、たしかに開発のための自然だけど、おかしな開発されたら困るのだけど。

文庫版のあとがき

平成三（一九九一）年に発行した『朝日連峰の狩人』の文庫本が、三〇年もたって出版されることになった。これほどうれしいことはない。きっと、存命であれば、志田さんも喜ばれたことだと思います。

今読んでみても、大朝日岳の様子、クマや生き物の様子、そこでそれを生業にして生活する志田さん、三〇年、四〇年、長い年月が回転しています。一緒に私も志田さんの言葉で朝日連峰のあちこちを回転したのだと思います。

もうひとつこの本には、川上洋一さんに素晴らしいイラストを描いてもらいました。今読み返すと、言葉だけじゃなく残雪の急斜面上のゼンマイ採りの様子、春のイワナ釣りの仕掛けまでイラストにしてもらいました。もちろん、クマ撃ちには私も興味があり、その様子は何枚ものイラストにしてもらいました。イラストを見るだけで、クマ撃ちをしたことのない私も中に入っていける気がします。

令和四年八月二〇日　西澤信雄

志田忠儀（しだ・ただのり）【語り】
一九一七年、山形県西川町大井沢生まれ。戦前から山に入り、戦後も春はクマ撃ちやゼンマイ採り、夏は登山や釣り、秋はキノコ採り、冬は猟と、一年を通じて山とともに生きた伝説の山人として知られている。一九五九年、磐梯朝日国立公園朝日地区管理人になり、一九八二年同管理人を退く。この間、天狗小屋、狐穴小屋、竜門小屋の管理を西川町より任される。月山朝日遭難救助隊長、大井沢観光協会長、自然保護に関する功労で勲六等単光旭日章を受ける。朝日連峰のブナなどの原生林を守る会会長。民宿「朝日山の家」経営。二〇一六年五月二十三日没。著書に『山人として生きる 8歳で山に入り、100歳で天命を全うした伝説の猟師の知恵』（角川文庫）、『ラスト・マタギ 志田忠儀・96歳の生活と意見』（KADOKAWA）などがある

西澤信雄（にしざわ・のぶお）【構成】
一九四八年、滋賀県大津市生まれ。愛媛大学を卒業後、一九七五年から朝日鉱泉ナチュラリストの家に入る。朝日鉱泉ナチュラリストの家代表。著書に『朝日連峰・鳥獣戯談』『ブナの森通信』（無明舎出版）、『みちのく朝日連峰山だより』（山と溪谷社）などがある

＊『朝日連峰の狩人』は一九九一年に山と溪谷社より初版が刊行されました。本書は初版第一刷を底本として、加筆・訂正し、再編集したものです。
＊記述内容は当時のもので、現在とは異なる場合があります。
＊今日の人権意識に照らして考えた場合、不適切と思われる語句や表現がありますが、本著作の時代背景とその文学的価値に鑑み、そのまま掲載してあります。
＊用字用語に関しては、原文の趣を損なわぬように配慮し、読みやすいように表現をかえた部分があります。

カバーデザイン　尾崎行欧、本多亜実、北村陽香（尾崎行欧デザイン事務所）
本文DTP、図版作成　千秋社
挿画　川上洋一
校正　鳥光信子
編集　鈴木幸成、宗像 練（山と溪谷社）

朝日連峰の狩人

二〇二二年十一月五日　初版第一刷発行

著　者　志田忠儀（語り）、西澤信雄（構成）
発行人　川崎深雪
発行所　株式会社　山と溪谷社
郵便番号　一〇一－〇〇五一
東京都千代田区神田神保町一丁目一〇五番地
https://www.yamakei.co.jp/

■乱丁・落丁、及び内容に関するお問合せ先
山と溪谷社自動応答サービス　電話〇三－六七四四－一九〇〇
受付時間／十一時～十六時（土日、祝日を除く）
メールもご利用ください　【乱丁・落丁】service@yamakei.co.jp
【内容】info@yamakei.co.jp
■書店・取次様からのご注文先
山と溪谷社受注センター　電話〇四八－四五八－三四五五
ファクス〇四八－四二一－〇五一三
■書店・取次様からのご注文以外のお問合せ先 eigyo@yamakei.co.jp

フォーマット・デザイン 岡本一宣デザイン事務所
印刷・製本　大日本印刷 株式会社

＊定価はカバーに表示しております。

Printed in Japan ISBN 978-4-635-04952-8